Johanna Heuveling

Regulationsmechanismen der Säurestressantwort von Escherichia coli

Johanna Heuveling

Regulationsmechanismen der Säurestressantwort von Escherichia coli

Regulation auf transkriptionaler, posttranskriptionaler und proteolytischer Ebene und Rolle in der Kinetik dieses System

Südwestdeutscher Verlag für Hochschulschriften

Impressum / Imprint
Bibliografische Information der Deutschen Nationalbibliothek: Die Deutsche Nationalbibliothek verzeichnet diese Publikation in der Deutschen Nationalbibliografie; detaillierte bibliografische Daten sind im Internet über http://dnb.d-nb.de abrufbar.
Alle in diesem Buch genannten Marken und Produktnamen unterliegen warenzeichen-, marken- oder patentrechtlichem Schutz bzw. sind Warenzeichen oder eingetragene Warenzeichen der jeweiligen Inhaber. Die Wiedergabe von Marken, Produktnamen, Gebrauchsnamen, Handelsnamen, Warenbezeichnungen u.s.w. in diesem Werk berechtigt auch ohne besondere Kennzeichnung nicht zu der Annahme, dass solche Namen im Sinne der Warenzeichen- und Markenschutzgesetzgebung als frei zu betrachten wären und daher von jedermann benutzt werden dürften.

Bibliographic information published by the Deutsche Nationalbibliothek: The Deutsche Nationalbibliothek lists this publication in the Deutsche Nationalbibliografie; detailed bibliographic data are available in the Internet at http://dnb.d-nb.de.
Any brand names and product names mentioned in this book are subject to trademark, brand or patent protection and are trademarks or registered trademarks of their respective holders. The use of brand names, product names, common names, trade names, product descriptions etc. even without a particular marking in this works is in no way to be construed to mean that such names may be regarded as unrestricted in respect of trademark and brand protection legislation and could thus be used by anyone.

Coverbild / Cover image: www.ingimage.com

Verlag / Publisher:
Südwestdeutscher Verlag für Hochschulschriften
ist ein Imprint der / is a trademark of
AV Akademikerverlag GmbH & Co. KG
Heinrich-Böcking-Str. 6-8, 66121 Saarbrücken, Deutschland / Germany
Email: info@svh-verlag.de

Herstellung: siehe letzte Seite /
Printed at: see last page
ISBN: 978-3-8381-3459-8

Zugl. / Approved by: Berlin, FU, Diss., 2008

Copyright © 2012 AV Akademikerverlag GmbH & Co. KG
Alle Rechte vorbehalten. / All rights reserved. Saarbrücken 2012

Teil dieser Arbeit sind in folgenden Veröffentlichungen enthalten:

Weber H., Polen T., Heuveling J., Wendisch V., Hengge R. (2005): Genome-Wide Analysis of the General Stress Response Network in *Escherichia coli*: σ^S-Dependent Genes, Promoters, and Sigma Factor Selectivity, Journal of Bacteriology 187: 1591-1603.

Heuveling J., Possling A., Hengge R. (2008): A role for Lon protease in the control of acid resistance genes of *Escherichia coli*, Molecular Microbiology 69(2): 534-47

Danksagungen

Grosser Dank gilt Regine für das spannende Thema, das im Laufe der Arbeit immer spannender wurde und für die gute Unterstützung durch ständigen und immer wieder frischen geistigen Input und Austausch.

Kürsad danke ich für die grosse Hilfsbereitschaft, vor allem, was die Aufklärung biochemischer Sachverhalte angeht, aber auch für die guten Ideen in allen anderen Fragestellungen und für das Begutachten der Arbeit.

Allen der Arbeitsgruppe (das waren so viel im Laufe der Jahre, dass ich unmöglich jeden aufzählen kann) möchte ich danken, weil jeder immer gerne zu einem wissenschaftlichen Austausch, Lösungsfindung, praktischen Nachfragen bereit war. Es war immer eine sehr hilfsbereite und offene Atmosphäre, die ich sehr vermissen werde.

Dank an Kuni und Christina für die schöne und erfrischende Laboratmosphäre und die grosse Toleranz, wenn ich zum Beispiel wieder einmal ohne aufzuräumen schnell losrennen musste.

Dank auch an Fr. Wedel, die in der schwierigen Bürokratie dann doch immer wieder einen Ausweg fand und dazu noch so leckeres Essen aller Art für die Feierlichkeiten machen konnte.

Danke, Bruder Daniel, für das Redigieren der Arbeit!

Dann gibt es eine lange Liste der Helfer, ohne die diese Arbeit bestimmt nicht fertig geworden wäre: Lothar, der meinen Fiat Punto durch dreimaliges Auseinanderbauen des Motors in der heissen Phase am Laufen gehalten hat, meine Mutter, die mir mit Finanzspritzen geholfen hat, mein Vater, der sehr bereitwillig Auto und alle möglichen Hilfestellungen gab, Rud, der die Kinder auch mal ein paar Tage länger zu sich nahm, und alle, die mir auf der einen Seite den Rücken frei hielten, mich aber auch manchmal auf andere Gedanken brachten, wenn ich zu sehr versank in der Welt der Moleküle.

Und ich bedanke mich bei Lukas und Mathis, dass sie so geduldig waren ("Mama, hast Du heute nach Deinem Doktor gefragt?").

οίδα ούδέ είδέναι

Ich weiß, daß ich nichts weiß

Sokrates (469 bis 399 v.Chr.)

Inhaltsverzeichnis

Abbildungsverzeichnis V

Tabellenverzeichnis VII

Abkürzungsverzeichnis VIII

1. Zusammenfassung/Summary 1

2. Einleitung 3

2.1 Genregulation bei *Escherichia coli* zum Überleben bei wechselnden Umweltbedingungen 3

2.1.1 Lebensräume und Fähigkeiten von *Escherichia coli* 3

2.1.2 Transkriptionsregulation 4

2.1.2.1 Sigmafaktoren in *Escherichia coli* 5

2.1.2.2 Regulation durch globale und spezifische Transkriptionsfaktoren 8

2.1.2.3 Transkriptionsregulationsnetzwerke: Motive und Module 10

2.1.3 Kleine RNAs und Regulation auf mRNA Ebene 13

2.1.3.1 Kontrolle der mRNA Stabilität 14

2.1.3.2 Kontrolle der Translation 15

2.1.4 Proteolyse als Regulationsmechanismus 16

2.1.4.1 Clp und Lon Proteasen: Struktur und Rolle in der Regulation 18

2.1.4.2 Substratspezifizierung durch Clp und Lon 19

2.1.4.3 Signaltransduktion in die Proteolyse-vermittelte Genregulation 22

2.2 Säurestress und das Säuretoleranzsystem von *Escherichia coli* 24

2.2.1 Die Biochemie des Säurestresses 25

2.2.2 Strategien von *Escherichia coli* 26

2.2.3 Regulatorisches Netzwerk des Glutamat-abhängigen Säuretoleranzsystemes 28

2.3 Zielsetzung 33

3. Material und Methoden 34

3.1 Grundlagen und allgemeine Methoden 34

3.1.1 Medien und Kultivierung 34

3.1.2 Stammhaltung 34

3.1.4 Plasmid-Transformation 34

3.1.5 P1-Transduktion zur Herstellung von Mutanten 35

3.2 DNA-Analytik 35

3.2.1 Polymerasekettenreaktion (PCR) 35

3.2.3 Präparation von Plasmid-DNA 35

3.2.4 Klonierung 36

3.2.4.1 Restriktionsverdau, Ligation 36

3.2.4.2 Herstellung kompetenter Zellen, Elektroporation 36

3.2.4.3 Plasmidpräparation, Sequenzierung 36

3.2.4.4 Plasmidklonierungen von *gadE*, *gadW* und *ydeO* zur Analyse 36

3.2.4.5 GFP-Klonierungen 37

3.3 RNA-Analytik 38

3.3.1 RNA-Präparation 38

3.3.1.1 Zellernte 38

3.3.1.2 RNA-Aufreinigung 38

3.3.1.3 RNA-Konzentrationsbestimmung und -Qualitätskontrolle 38

3.3.2 Microarray-Technik 39

3.3.2.1 Reverse Transkription mit fluoreszierenden Nukleotiden („Labeling") 39

3.3.2.2 Überprüfung der Labeling-Effizienz 39

3.3.2.3 Hybridisierung, Detektion und Auswertung 40

3.3.3 Northern Blot-Analyse 40

3.4 Protein-Analytik 41

3.4.1 Immunoblot-Analyse (Westernblot) 41

3.4.1.1 Protein-Präparation 41

3.4.1.2 SDS-Polyacrylamid-Gelelektrophorese (SDS-PAGE) 41

3.4.1.3 Blotten des Proteingels und Immunodetektion 42

3.4.2 Nichtradioaktive Bestimmung der Protein Stabilität 42

3.4.4 Proteinüberexpression, Proteinaufreinigung und Antikörperherstellung 43

3.4.5 Bestimmung der Proteinkonzentration 43

3.5 Genetische Methoden 43

3.5.1 Herstellung von Deletionsmutanten 43

3.5.2 Konstruktion von chromosomalen *lacZ*-Reporterfusionen 44

3.6 Biochemische Methoden 44

3.6.1 Bestimmung der ß-Galaktosidase Aktivität — 44

3.7 Bioinformatische Analysen — 44

3.7.1 Genannotationen und Gensequenzen — 44

3.7.2 Bestimmung der mRNA-Faltung von *gadE* — 45

3.8 Verzeichnisse der Materialien, Primer, Plasmide und Stämme — 45

3.8.1 Materialienverzeichnis — 46

3.8.2 Verzeichnis der Oligonukleotide — 47

3.8.3 Verzeichnis der Plasmide — 48

3.8.4 Verzeichnis der Bakterienstämme — 49

4. Ergebnisse — 52

4.1 Globale Suche nach durch Proteolyse regulierten Regulons mittels DNA Microarray-Analyse — 52

4.1.1 Die ClpP Protease zeigt einen positiven Effekt auf die *gad/hde* Gene des Säurestressregulons. — 52

4.1.2 Globaler Einfluss der Lon Protease auf das Transkriptom von *Escherichia coli* — 55

4.1.2.1 Lon reprimiert zahlreiche σ^S-abhängige Gene, hat aber keinen Einfluss auf σ^S-Gehalt oder Aktivität — 61

4.2 Einfluss der Proteolyse auf das Glutamat-abhängige Säuretoleranzsystem — 64

4.2.1 LacZ Reportergenfusions-Studien bestätigen die Microarray Ergebnisse: die Lon Protease greift in die Expression der *gad* Gene ein. — 64

4.2.2 GadE, σ^S und *gadB* werden induziert unter Bedingungen von Säureshift, stationärer Phase und permanentem Wachstum bei niedrigem pH, wobei GadE generell σ^S folgt. — 65

4.2.3 Die zelluläre Menge an GadE variiert in Abhängigkeit von den ClpP und Lon Proteasen. — 67

4.2.4 GadE, der zentrale Regulator der Säurestressantwort, ist ein konstitutives Lon Substrat — 68

4.2.5 Die Proteolyse von GadE ermöglicht eine schnelle Reversibilität des zellulären GadE-Gehaltes und der Effektorgentranskription — 72

4.2.6 Die Lon Protease inhibiert auch die Expression von GadE — 74

4.2.7 ClpP-Einfluss, GadX und YdeO: Vorläufige Ergebnisse zu weiterer Proteolysekontrolle im Säureresistenz-Netzwerk — 77

4.2.7.1 Der ClpP Einfluss zeigt sich auf Ebene der *gadA/B/E*-, nicht der Ebene der *gadX*-Transkription und wird in *ydeO* und *gadX* Mutanten teilweise supprimiert — 77

4.2.7.2 YdeO enthält eine C-terminale ssrA-ähnliche Markierung, die, an GFP kloniert, dieses zum Abbau durch ClpP markiert. — 83

4.2.7.3 YdeO ist ein Proteolyse-Substrat. — 85

4.3 Translationale Kontrolle des zellulären GadE-Gehaltes — 88

4.3.1 Die Transkriptionsinduktion von *gadE* nach Säureshift ist langsam, während der zelluläre GadE-Gehalt schnell ansteigt. ... 88

4.3.2 GadE, exprimiert von einem heterologen Promoter, zeigt ebenfalls einen schnellen, vorübergehenden Anstieg seines Gehaltes nach Säureshift, der von der sRNA DsrA abhängig und von σ^S und GadX unabhängig ist. ... 89

4.3.3 DsrA verstärkt die Dynamik des zellulären GadE-Gehaltes nach Säurestressinduktion ... 92

4.4 Die Struktur des σ^S/GadE/GadX-Regulationsnetzwerk ... 94

4.4.1 LacZ Reportergenfusions-Studien unter unterschiedlichen Bedingungen bestätigen unabhängige und überlappende Regulons für GadE und GadX ... 95

4.4.2 Der Sigmafaktor σ^S aktiviert *gadE* und *slp* nicht nur über GadX, sondern auch direkt, d.h. über einen Feedforward Loop. ... 98

4.4.3 GadX aktiviert *gadB* nur indirekt über die Aktivierung der *gadE*-Transkription. ... 100

4.4.4 Notiz: GadW kontrolliert nicht den zellulären Gehalt von σ^S ... 102

5. Diskussion ... 103

5.1 Microarray-basierte Transkriptomanalyse als Werkzeug zur Identifizierung proteolytisch kontrollierter Regulatoren ... 103

5.2 Die Rolle von Lon als regulatorisch wirksamer Protease in *Escherichia coli* ... 105

5.3 Die Architektur des Kontroll-Netzwerkes und regulatorische Mechanismen der Säureresistenzgene von *Escherichia coli* ... 107

5.3.1 Die Struktur des σ^S/GadX/GadE-Transkriptionsregulationsnetzwerkes und sein Einfluss auf die Induktion von *gad/hde* und *slp*. ... 108

5.3.2 Schnelle und vorübergehende Induktion wird durch die translationale Kontrolle der *gadE* mRNA ermöglicht ... 112

5.3.3 Der konstitutive Abbau von GadE ermöglicht die schnelle Abschalt-Dynamik des Systemes ... 115

5.3.4 Modell ... 117

5.4. Ausblick: Weitere proteolytische Kontrolle innerhalb der Säureresistenzantwort ... 119

6. Literatur ... 121

Abbildungsverzeichnis

Abbildung 2.1	Modell zur Regulation des zellulären σ^S-Gehaltes.
Abbildung 2.2	Konsensusequenzen, die bevorzugt von $E\sigma^{70}$ und $E\sigma^S$ transkribiert werden.
Abbildung 2.3	Darstellung verschiedener Netzwerkmotive und -module.
Abbildung 2.4	Struktur und Basenpaarbindung von DsrA.
Abbildung 2.5	Schematische Darstellung der ClpAP Protease und der Substraterkennung und -prozessierung.
Abbildung 2.6	Modell der Funktion des ArcB/ArcA/RssB Drei Komponenten Systemes bei der Kontrolle des zellulären σ^S Gehaltes unter zwei Bedingungen:
Abbildung 2.7	Die drei Aminosäure-Decarboxylase-Systeme von *E. coli* zur Säurestressabwehr.
Abbildung 2.8	Darstellung der Gene der Säure-Fitness Insel.
Abbildung 2.9	Schemaskizze des *gadE*-Promotors mit gesamten bekannten regulatorischen Bereich und Regulatoren, die daran binden.
Abbildung 2.10	Regulatorisches Modell der Struktur der σ^S/GadX/GadE-Kontrollkaskade.
Abbildung 3.1	Schemaskizze von *gadE* und seinem regulatorischen Bereich und den angefertigten Klonierungen.
Abbildung 4.1	Die zelluläre σ^S-Menge ist in den Proben für die DNA Microarray-Studien (*rssB*⁻ und *rssB*⁻ *clpP*⁻ in M9 + 0,1% Glucose, logarithmische Phase) gleich hoch.
Abbildung 4.2	Die *lon* Mutante hat ein verlangsamtes Wachstum.
Abbildung 4.3	Die Expression σ^S-abhängiger Gene (*gadA*, *gadB*, *dps*, *otsB*, *osmY*) ist im *lon*⁻ Hintergrund stark erhöht.
Abbildung 4.4	Der zelluläre σ^S-Gehalt ist in der *lon* Mutante nicht höher als im wt.
Abbildung 4.5	Der zelluläre Gehalt von Crl und Rsd ist nicht erhöht in der *lon* Mutante. Crl wird nicht signifikant abgebaut.
Abbildung 4.6	Lon hat nur einen geringen Einfluss auf synp9::*lacZ* Aktivität.
Abbildung 4.7	Lon reprimiert die Expression von *gadA*, *gadB* und *gadE* stark.
Abbildung 4.8	Die Menge an σ^S und GadE und die Expression von *gadB* nimmt zu in der stationären Phase und bei niedrigem pH.
Abbildung 4.9	Die Proteasen ClpP und Lon zeigen einen deutlichen Einfluss auf den GadE-Spiegel mit unterschiedlicher Intensität je nach Situation und nicht immer über den Einfluss der Proteasen auf σ^S erklärbar.

Abbildung 4.10	GadE wird schnell Lon-abhängig abgebaut unter induzierenden Bedingungen.
Abbildung 4.11	GadE wird in allen, auch nicht-induzierenden Situationen abgebaut im $clpP^-$ Hintergrund, und stabilisiert im $clpXP$-lon^- Hintergrund.
Abbildung 4.12	Der GadE-Spiegel sinkt schnell nach Ausbleiben des pH-Stresses ab, während er im lon^- Hintergrund nur durch wachstumsbedingte Ausdünnung langsam abnimmt.
Abbildung 4.13	Der zelluläre Spiegel der mRNA von $gadA$ und $gadBC$ nimmt im wt rapide und in der lon Mutante deutlich langsamer ab nach Shift zu neutralem pH
Abbildung 4.14	Das GadE-LacZ Fusionsprotein ist stabil.
Abbildung 4.15	Untersuchungen zum repressorischen Effekt von Lon auf die $gadE$-Transkription
Abbildung 4.16	Der positive Einfluss von ClpP zeigt sich auf Ebene von $gadA$, $gadB$ und $gadE$ (stärker wenn GadX-Bindestellen fehlen), aber nicht auf Ebene von $gadX$.
Abbildung 4.17	Untersuchung von GadX, GadW und YdeO in Bezug auf den ClpP-Einfluss
Abbildung 4.18	YdeO zeigt weder bei Säureshift, noch bei permanentem Wachstum in saurem pH einen signifikanten Effekt auf die $gadE$-Transkription.
Abbildung 4.19	YdeO hat ein ssrA-ähnliches C-Motiv.
Abbildung 4.20	Die letzten 11 Aminosäuren von YdeO markieren GFP für den ClpP-abhängigen Abbau.
Abbildung 4.21	Überexprimiertes YdeO ist ein Proteolysesubstrat, allerdings weder von ClpP noch von Lon allein. Die beiden letzten Aminosäuren markieren YdeO zum Abbau.
Abbildung 4.22	Nach Shift zu saurem pH nimmt die zelluläre Menge an GadE sehr schnell zu, während die Transkriptions-Induktion langsam verläuft.
Abbildung 4.23	GadE, synthetisiert von heterologem Promotor, steigt nach Säureshift schnell und vorübergehend an. DsrA reprimiert die GadE-Synthese in neutralem Medium und dereprimiert bei Säureshift.
Abbildung 4.24	Die translationale Induktion der GadE-Synthese durch Säureshift ist nicht abhängig von GadX, σ^S oder Lon.
Abbildung 4.25	Auch im Wildtyp zeigt sich eine Abhängigkeit der GadE-Säureshift Induktion von DsrA.
Abbildung 4.26	Die Ribosomenbindestelle und das Startkodon liegen in Basenpaarung in der $gadE$ mRNA Sekundärstruktur vor.

Abbildung 4.27	Einfluss von σ^S, GadE und GadX auf die Expression von *gadB*, *slp*, *gadE* und *gadX* unter verschiedenen Bedingungen in M9 Medium.
Abbildung 4.28	Einfluss von σ^S, GadE, GadX auf die Expression von *gadB*, *slp*, *gadE* und *gadX* in verschiedenen Situationen in LB Medium.
Abbildung 4.29	Die Kinetik des σ^S-Gehaltes nach Säureshift in M9 und LB.
Abbildung 4.30	Der Sigmafaktor σ^S aktiviert *gadE* nicht nur über GadX.
Abbildung 4.31	Der Sigmafaktor σ^S aktiviert *slp* nicht nur über GadX.
Abbildung 4.32	GadX aktiviert die Expression von *gadB* nur indirekt über GadE.
Abbildung 4.33	Die GadE-Synthese von pGadE* wird bei Säureshift in M9/Glucose nicht induziert.
Abbildung 4.34	GadW hat keinen Einfluss auf den σ^S-Gehalt.
Abbildung 5.1	Modell des Netzwerkes der Glutamat-abhängigen Säureresistenzkaskade.

Tabellenverzeichnis

Tabelle 2.1	Liste der wichtigsten Regulatoren involviert in der Kontrolle des Glutamat-abhängigen Säureresistenz-Systems.
Tabelle 4.1	Mehr als 2 fach differenziell regulierte Gene in *clpP* in *rrsB* Hintergrund.
Tabelle 4.2	Mehr als 2 fach differenziell regulierte Gene in *lon* Hintergrund.
Tabelle 5.1	Promotorsequenzen der beschriebenen Transkriptionsstartpunkte von *gadA*, *gadB*, *gadX*, *slp* und *gadE*.

Abkürzungsverzeichnis

A	Ampere
AA	Aminosäure
Abb.	Abbildung
Amp	Ampicillin
AP	Alkalische Phosphatase
APS	Ammoniumperoxiddisulfat
ATP	Adenosintriphosphat
BCIP	5-Bromo-4-Chloro-3-Indolylphosphat
ß-Gal	ß-Galaktosidase
bp	Basenpaare
BSA	Bovine Serum Albumin
C	1) Carboxy
	2) Kohlenstoff
CaCl2	Calciumchlorid
cAMP	cyklisches Adenosin-3,5,-monophosphat
c-di-GMP	cyklisches di Guanosinmonophosphat
Cm	Chloramphenicol
CRP	cAMP receptor protein; cAMP Rezeptorprotein
Da	Dalton
Dig	Digoxygenin
DMF	N,N-Dimethylformamid
DMSO	Dimethylsulfoxid
DNA	Desoxyribonucleic acid, Desoxyribonukleinsäure
dNTP	Deoxynukleosidtriphosphat
DTT	1,4,-Dithiothreitol
EDTA	Ethylendiamintetraacetat
Eσ	RNA Polymerase Holoenzym
g	1) Gramm
	2) Gravitationskonstante
Glc	Glucose
Gly	Glyzerin
h	Stunde
HCl	Salzsäure
H$_2$O(dest))	Wasser (destilliert)
Ig	Immunglobulin
IPTG	Isopropyl-ß-D-Thiogalaktopyranosid
Kan	Kanamycin
kb	Kilobasenpaare
L	Liter
LB	Luria-Broth
M	Molar
MES	2-(N-Morpholino)ethan-sulfonsäure
MgCl2	Magnesiumchlorid
MgSO4	Magnesiumsulfat
min	Minute
M9	Minimalmedium 9
mRNA	messenger RNA
sRNA	small RNA; kleine RNA
N	1) Amino
	2) Stickstoff
Nacl	Natriumchlorid
NBT	4-Nitroblau-Tetrazoliumchlorid
NTD	N-terminale Domäne

ODx	Optische Dichte bei einer Wellenlänge von x nm
ONPG	ortho-Nitrophenyl-ß-D-Galaktopyranosid
ORF	open reading frame; offenes Leseraster
P	Phophat
PAGE	Polyacrylamid-Gelelektrophorese
PCR	polymerase chain reaction; Polymerasekettenreaktion
pH	potentia (oder pondus) hydrogenii (definiert als der negative dekadische Logarithmus der Wasserstoffionenkonzentration
ppGpp	Guanosin-3`,5`-bipyrophosphat
RNA	ribonucleic acid; Ribonukleinsäure
RNAP	RNA Polymerase
rpm	rounds per minute; Umdrehungen pro Minute
RT	Raumtemperatur
S	Svedberg Einheit
sec	Sekunde
SDS	sodiumdodecylphosphate; Natriumdodecylphosphat
TCA	Trichloressigsäure
TEMED	N,N,N`,N`-Tetramethylethylendiamin
Tet	Tetrazyclin
Tn	Transposon
Tris	Trishydroxyaminomethan
V	Volt
W	Watt
wt	Wildtyp
XGal	5-Bromo-4-Chloro-3-Indolyl-ß-D-Galaktopyranosid

1. Zusammenfassung

Die Bedeutung posttranskriptionaler Regulation in Stressantwortsystemen und Differenzierungsprozessen in Prokaryoten wurde in den letzten Jahren immer mehr erkannt und erforscht. Die Suche nach noch unbekannten Proteolysesubstraten ist schwierig, da Regulatoren meist in geringen zellulären Konzentrationen vorliegen und daher durch direkte Färbeverfahren nicht detektierbar sind. Daher wurde hier eine Methode zur Identifikation von Proteolyse-kontrollierten Regulatoren entwickelt mithilfe von Transkriptomanalyse von Proteasemutanten (*lon* und *clpP*) versus Wildtypzellen mit DNA-Microarrays in *Escherichia coli*. So war es möglich, mehrere Regulons zu bestimmen, welche differenziell in den Mutanten exprimiert werden, z.B. viele σ^S–abhängige Gene und, besonders markant, Gene der Säurestressantwort, welche im *lon* Hintergrund verstärkt und in der *clpP* Deletionsmutante vermindert transkribiert werden.

Das Glutamat-abhängige Säureresistenz-System, kodiert von *gadA/BC*, ist essentiell für *Escherichia coli*, um die Passage durch den hochsauren Magen zu überleben. Das System wird induziert bei niedrigem pH und bei Eintritt in die stationäre Phase. Diese Regulation benötigt den Masterregulator σ^S, welcher die Synthese von GadE und GadX antreibt, die als essentieller, zentraler Aktivator bzw. als Modulator der Expression dieser Gene agieren (Weber *et al.*, 2005). Ein anderer regulatorischer Schaltkreis beinhaltet das EvgA/S Zweikomponenten-System und YdeO, welche einen positiven Feedforward Loop bilden, um *gadE* zu regulieren (Foster, 2004).

Während der Masterregulator σ^S unter proteolytischer Kontrolle steht (Hengge-Aronis, 2002), wurde in dieser Arbeit ermittelt, dass auch GadE auf den Ebenen der Expression und des Abbaus kontrolliert wird. *In-vivo*-Abbauexperimente zeigten, dass GadE konstitutiv von der Lon Protease abgebaut wird. Immunoblot- und Reportergenfusions-Daten bezeugen, dass der schnelle Anstieg des GadE-Gehaltes nach Säureshift aufgrund posttranskriptionaler Kontrolle stattfindet, die kleine RNA DsrA involvierend, während die transkriptionale Induktion die langsame Reaktion auf andauernden Säurestress liefert. Die Lon-vermittelte Proteolyse von GadE ist entscheidend für die schnelle Termination der Antwort, gezeigt durch GadE Immunoblot und *gadA/BC* Northern Blots in $lon^{+/-}$.

Andere *in-vivo*-Abbauexperimente und GFP-Fusions-Studien weisen auf weitere Kandidaten proteolytischer Kontrolle, wie YdeO und GadW, innerhalb dieses Systemes hin, damit eine Basis für zukünftige Studien schaffend.

In Microarray-Studien und LacZ-Reportergenfusions-Studien wurden voneinander abgegrenzte Gengruppen identifiziert, die entweder von GadE und GadX zusammen oder nur von GadX kontrolliert werden. Die komplexe regulatorische Architektur konnte in den prinzipiellen Signalwegen aufgeklärt werden und ein Modell wurde entwickelt, welches die Regulationsmechanismen und Dynamiken des Säurestressantwort-Netzwerkes integriert.

Summary

The impact of posttranscriptional regulation in stress response systems and differentiation processes in prokaryotes are increasingly recognized and investigated in the recent years. The search for yet unknown regulatory substrates of proteolysis faces the difficulty that regulators are usually present in small amounts in bacteria, difficult to detect through direct staining procedures. Therefore a method for identifying regulators subjected to proteolysis was developed using transcriptomic analysis of protease mutants (*lon* and *clpP*) versus wildtype cells via DNA microarrays in *Escherichia coli*. This way it was possible to determine several regulons which are differentially expressed in the mutants, e.g. many σ^S-dependent genes, and, as the most prominent, genes of the acid stress response, which are upregulated in the *lon* background and downregulated in the *clpP* deletion strain.

The Glutamate-dependent acid resistance system, encoded by the *gadA/BC* genes, is essential for *Escherichia coli* to survive the passage through the highly acidic stomach. The system is induced at low pH and during entry into stationary phase. This regulation involves the master regulator σ^S, which drives the expression of GadE and GadX, which act as the essential key activator and as a modulator, respectively, for the expression of these genes (Weber *et al.*, 2005). Another transcriptional regulatory circuit implies the EvgA/S two-component system and YdeO, which form a positive feedforward loop regulating *gadE* (Foster, 2004).

While the master regulator σ^S has long been known to be under proteolytic control (Hengge-Aronis, 2002), it is established here that also GadE is controlled both at the levels of expression and degradation. *In-vivo* degradation experiments show that GadE is constitutively degraded by the Lon protease. Immunoblot and reporter fusion data indicate that the rapid increase in GadE levels upon pH downshift is due to posttranscriptional regulation involving the small RNA DsrA, while transcriptional induction provides the slow reactions to enduring acid threat and during entry into stationary phase. Lon-mediated proteolysis of GadE is crucial for the rapid termination of the response shown by GadE immunoblot and *gadA/BC* Northern experiments in *lon*$^{+/-}$.

Other *in-vivo* degradation experiments and GFP fusion studies strongly support additional candidates for proteolytic control within this system, e.g. YdeO and GadW, providing a basis for future studies.

In microarray studies and LacZ reportergen fusion studies we identified different groups of genes either controlled by GadE and GadX together or by GadX alone. The complex regulatory architecture could be assessed in the principal pathways and a model was developed, integrating the regulatory mechanisms and dynamics of the acid stress response network.

2. Einleitung

2.1 Genregulation bei *Escherichia coli* zum Überleben bei wechselnden Umweltbedingungen

2.1.1 Lebensräume und Fähigkeiten von *Escherichia coli*

Escherichia coli ist ein Bakterium mit einem ungewöhnlich großen Spektrum an Habitaten, und damit einer enormen Palette an Stoffwechsel-physiologischen und Stressresistenz-Fähigkeiten. *Escherichia coli* kann als fakultativ anaerobes Bakterium sowohl aerob (in der Umwelt, im oberen Magen-Darm-Trakt) als auch mikroaerob oder anaerob (im mittleren und unteren Darmbereich, in Biofilmen etc.) leben. Es kann auf vielerlei Kohlenstoffquellen wachsen (Zucker, Aminosäuren, organische Säuren) und ist fähig die Metabolismusprodukte zu kontrollieren je nach Umweltbedingungen und Erfordernissen. Wildtypisolate von *E. coli* haben keinerlei Bedarf an zusätzlichen Wachstumsfaktoren, sie können also in minimalen Mediumsbedingungen überleben und wachsen, gleichzeitig erkämpfen sie sich allerdings auch in hochkonzentrierten Nährstoffmedien wie im Darm erfolgreich ihren Lebensraum gegenüber anderen Bakterien, dabei wegen ihres schnellen Wachstums wichtig als Verdränger pathogener Bakterien. Darüber hinaus gibt es pathogene *E. coli* Stämme, die durch zusätzlich erworbene Virulenzgene fähig sind, im Intestinaltrakt oder im Urinaltrakt Krankheiten auszulösen. Einige Stämme können in Darmepithelzellen oder in Makrophagen eindringen oder lösen Sepsis oder Meningitis aus. Viele pathogene *E. coli* Stämme sind durch ihre hohe Leistungs- und Anpassungsfähigkeit für einige Erkrankungen Haupterreger, so bei Durchfallerkrankungen in Entwicklungsländern, bei neonataler Meningitis und bei aufsteigenden Urinaltraktinfektionen.

Escherichia coli ist ein Meister der Stressbewältigung, sei es oxidativer Stress, Osmostress (hyper- und hypoosmotisch), sehr hohe und sehr niedrige pH-Werte, Hitzeschock, UV-Strahlung etc.. Für alle diese Herausforderungen hat *E. coli* Antwortsysteme, welche im Vergleich mit anderen Bakterien durchgehend herausragend sind. Dazu kommt die Fähigkeit der Adaptation. In der stationären Phase und bei geringeren Stressbedingungen präadaptiert *E. coli* sich bereits für das Überleben bei hohem Stress und wappnet sich dabei nicht nur gegen eine Bedrohung, sondern vorsorglich bereits auch gegen andere, die in der natürlichen Umgebung häufig mit einhergehen. Dieser Mechanismus, bezeichnet als generelle Stressantwort, wird primär kontrolliert durch den Sigmafaktor σ^S (Hengge-Aronis, 2002a).

Diese Fähigkeiten erfordern eine Vielzahl von Systemen zur Stressbewältigung und Umstellung auf andere Bedingungen, welche nicht unabhängig voneinander agieren, sondern miteinander vernetzt sind. Dies wiederum erfordert ein hochdynamisches, weit ausgreifendes und fein abgestimmtes Regulationsnetzwerk, das auf jede mögliche Kombination von Umweltbedingung/Stress eine angemessene Antwort der Zelle zur Folge hat. Im Folgenden werden die Mechanismen der Genregulation von *E. coli* genauer erläutert und anhand von Beispielen praktisch dargestellt. Die Regulation von Genen, die für Effektoren in der Zelle kodieren, findet auf verschiedenen Ebenen statt. Die Transkription wird kontrolliert durch Transkriptionsfaktoren, die mit dem Promotor und der RNA Polymerase interagieren, die Translation kann durch Aktivierung/Inhibierung durch Bindung kleiner RNAs an die mRNA, Interaktion mit dem Ribosom und Kontrolle der mRNA Stabilität reguliert werden. Das fertige Protein kann gezielt von Proteasen degradiert werden und - worauf in dieser Arbeit nicht detailliert eingegangen wird - die Enzyme/Regulatoren können in ihrer Aktivität modifiziert werden.

2.1.2 Transkriptionsregulation

Die Transkription von Genen ist ein dreistufiger Prozess, der aus der Transkriptionsinitiation, der Elongation und der Termination besteht. Bei der Initiation bindet die DNA-abhängige RNA Polymerase (RNAP) an den Promotor des Genes, schmilzt den DNA Doppelstrang auf und beginnt mit der Synthese der mRNA. Dieser Initiationsprozess beinhaltet mehrere Schritte, die reversibel sind und deren erfolgreiche Abfolge darüber entscheidet, ob eine stabile Initiation vollendet werden kann, die dann in die Elongationsphase führt (Busby *et al.*, 1994, Gaal *et al.*, 1996). Der Promotor besteht primär aus zwei Hexanukleotidsequenzen, bezeichnet nach ihrer Lage bezüglich des Transkriptionsstartpunktes als -10 und -35 Region (Record et al., 1996). Das Kernenzym (E) der RNAP besteht aus den Untereinheiten $\alpha_2\beta\beta`\omega$, wobei besonders die α-Untereinheiten mit Transkriptionsregulatoren und regulatorischen Promotorsequenzen wie dem UP Element stromaufwärts der -35 Region interagieren (Estrem *et al.*, 1999, Gaal et al., 1996, Gourse *et al.*, 2000). Die β-Untereinheiten sind prinzipiell für die Katalyse der RNA Synthese zuständig und β` für die unspezifische Bindung an die DNA (Helmann & Chamberlin, 1988, Ishihama, 1993). Die σ-Untereinheit rekrutiert das Kernenzym an die Promotoren und bewirkt das Aufschmelzen der DNA zur Transkriptionsblase. Die Sigmafaktoren sind für die Spezifizierung zuständig (Landick, 1999). Bei Eintritt in die Elongationsphase fällt σ vom Kernenzym ab und beginnt einen neuen Transkriptionsinitiationszyklus (Young et al., 2002). Nur die σ-Untereinheit kommt in unterschiedlichen Versionen in der Zelle vor. *Escherichia coli* besitzt im Gegensatz zu Eukaryoten nur eine einzige RNA Polymerase. In die verschiedenen Stadien der Transkriptionsinitiation greifen regulatorische Mechanismen ein, in erster Linie durch die Sigmafaktoren, zum anderen durch globale oder spezifische Transkriptionsfaktoren, die ebenfalls die Bindung der RNAP und die erfolgreiche Initiation der Transkription fördern oder verhindern.

2.1.2.1 Sigmafaktoren in *Escherichia coli*

Die Sigmafaktoren sind für die spezifische Erkennung der Promotoren durch die RNAP zuständig. Der so genannte Haushalts- oder vegetative Sigmafaktor σ^{70} von *Escherichia coli* ist für das Überleben der Bakterien essentiell. Er rekrutiert die RNAP zu den Promotoren der Gene, welche für die Aufrechterhaltung des vegetativen Metabolismus und des Wachstum unter nicht-bedrohlichen Bedingungen mit ausreichend Nährstoffen kodieren. Der Sigmafaktor der generellen Stressantwort σ^{S} hingegen ist wichtig für das Leben unter Stressbedingungen oder in der stationären Phase, Zustände wie man sie im natürlichen Habitat von *E. coli* eher vorfindet als die optimale Wachstumssituation (Hengge-Aronis, 1996, Tanaka *et al.*, 1993). Transkriptomstudien haben gezeigt, dass σ^{S} für die Expression von bis zu 10% der ca. 4200 Gene von *E. coli* unter diesen Bedingungen verantwortlich ist, darunter 140 Kerngene, die unter allen getesteten Bedingungen - Osmo- und Säurestress und in der stationären Phase - σ^{S}-abhängig exprimiert werden (Weber et al., 2005). Zusätzlich besitzt *E. coli* noch vier weitere Sigmafaktoren: σ^{H} (RpoH, σ^{32}) und σ^{E} (RpoE, σ^{24}) sind massgeblich an der Hitzeschockantwort beteiligt (Yura & Nakahigashi, 1999). Der Sigmafaktor σ^{E} reguliert vor allem Gene mit Produkten, die extracytoplasmatische Funktionen haben (Lonetto *et al.*, 1994, Mecsas *et al.*, 1993). σ^{F} (FliA, σ^{28}) ist der flagellare Sigmafaktor, der die Transkription der Flagellen- und Chemotaxisgene initiiert (Helmann, 1991, Arnosti & Chamberlin, 1989). Der Sigmafaktor σ^{N} (RpoN, σ^{54}) hingegen ist für die Transkription der Stickstoffgene verantwortlich (Kustu *et al.*, 1989). Die Anzahl an freiem, also nicht an der DNA gebundenen Kernzym der RNA Polymerase in der Zelle ist in Bezug auf die Anzahl der Promotoren und der Sigmafaktoren der limitierende Faktor für die

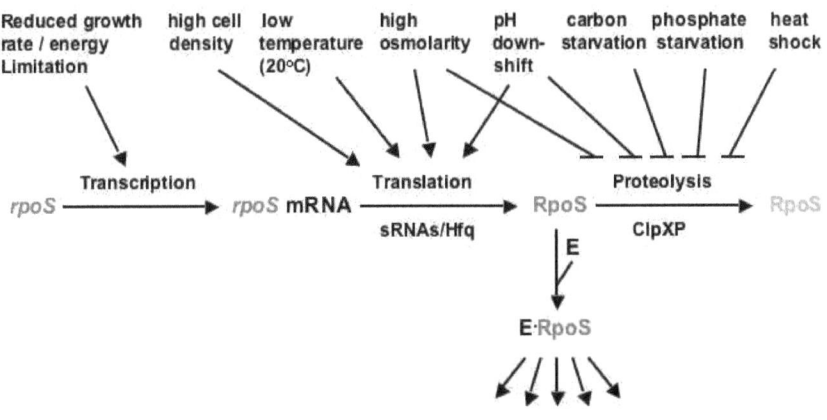

Abbildung 2.1: Modell zur Regulation des zellulären σ^{S} Gehaltes. Alle Ebenen der Regulation werden durch zahlreiche Umweltsignale beeinflusst. Aus: (Klauck *et al.*, 2007)

Transkriptionsinitiation eines Genes (Ishihama, 1993, Ishihama, 2000, Grigorova et al., 2006), was eine starke Kompetition der Sigmafaktoren um das Kernenzym und dementsprechend eine Kompetition der Promotoren um die RNAP bedingt. Ansatzpunkte für globale Veränderungen des Transkriptoms durch die Sigmafaktoren sind also die Kontrolle ihrer zellulären Konzentration, ihrer Affinität zum Kernenzym und zu den Promotoren und ihre Bindung und damit Sequestrierung durch Anti-Sigmafaktoren (zur Übersicht über Anti-Sigmafaktoren: (Hughes & Mathee, 1998)). Der zelluläre Gehalt von σ^S wird zum Beispiel, abhängig von verschiedenen Umweltbedingungen, auf allen Ebenen der Synthese und des Abbaus perfide kontrolliert (Abbildung 2.1), genauso wie die Synthese der anderen alternativen Sigmafaktoren.

Um das raffinierte Wechselspiel der Sigmafaktoren untereinander besser zu verstehen, ist es hilfreich, die Kompetition zwischen σ^{70} und σ^S genauer zu betrachten, denn sie ist in den letzten Jahren immer besser aufgeklärt worden (zur Übersicht: (Gross et al., 1998)). Beide Sigmafaktoren weisen eine hohe Sequenzhomologie auf, interessanterweise speziell in den Regionen zur Promotorbindung (Lonetto et al., 1992), und folglich erkennen sie sehr ähnliche Promotorsequenzen. *In vitro* haben beide Sigmafaktoren stark überlappende Promotorspezifität (Tanaka et al., 1995, Nguyen et al., 1993, Tanaka et al., 1993), trotzdessen bedienen sie *in vivo* sehr klar abgegrenzte Regulons und zeigen unabhängig von ihrem relativen Vorhandensein in der Zelle, sehr variable Aktivität. Für dieses "Sigmafaktor Paradoxon" gibt es mittlerweile Erklärungen, die auf Ebenen der intrinsischen Promotorsequenz-Spezifizierung, der DNA Topologie, dem Einfluss globaler, *in trans* agierender Regulatoren und der Kompetition der beiden Sigmafaktoren um das Kernenzym der RNAP ansetzen (Typas et al., 2007b).

Was die Promotorsequenz angeht, kann zusammenfassend gesagt werden, dass σ^S eine höhere Toleranz gegenüber kleineren Abweichungen von der Konsensussequenz aufweist, z.B. in der Spacerlänge (Typas & Hengge, 2006) und der Konservierung der -10 und -35 Region (Wise et al., 1996, Gaal et al., 2001, Lacour et al., 2003, Typas & Hengge, 2006). Der Sigmafaktor σ^S zieht ausserdem weitere spezifische Sequenzen ausserhalb der Kernpromotorsequenzen heran, z.B. C(-13), T(-14), (Becker & Hengge-Aronis, 2001) und nutzt andere nicht spezifizierende Motive, welche die Expressionsaktivität stimulieren, um trotz der laxeren Promotoren seine Gene in ausreichender Höhe zu induzieren, z.B. AT-reiche Sequenzen zum leichteren Aufschmelzen der DNA (Ojangu et al., 2000, Pruteanu & Hengge-Aronis, 2002).

In trans agierende globale Transkriptionsregulatoren wie CRP, Lrp, H-NS können ebenfalls zur Promotorselektivität von σ^S und σ^{70} beitragen, indem sie unterschiedlich mit ihnen und der RNAP interagieren. Als Beispiel sei H-NS genauer beschrieben, welches als Histon-ähnlicher, an AT-reiche Sequenzen der DNA-bindender genereller Silencer vieler Gene, durch Aufbau großer Nukleoprotein-Komplexe bevorzugt Eσ^{70} behindert, während Eσ^S die H-NS reprimierten Promotoren durch verschiedene Mechanismen dereprimieren kann (Shin et al., 2005, Giangrossi et al., 2005, Germer *et al.*, 2001). Globale Regulatoren beeinflussen auch die DNA Topologie, darüberhinaus verändert diese sich aber auch in verschiedenen Wachstumsphasen. $E\sigma^S$ bevorzugt eher entspannte, wenig supergecoilte DNA, was dem Zustand der DNA in der stationären Phase entspricht, während $E\sigma^{70}$ besser an stark negativ supergecoilte DNA bindet (Kusano *et al.*, 1996, Bordes *et al.*, 2003). Die DNA Topologie kann jedoch auch lokal durch DNA-Assoziation von Proteinen verändert werden, was örtlich begrenzte Kompetitionsverschiebung unabhängig vom globalen Topologiezustand zulässt (Jeong *et al.*, 2006, Postow *et al.*, 2004, Moulin *et al.*, 2005) .

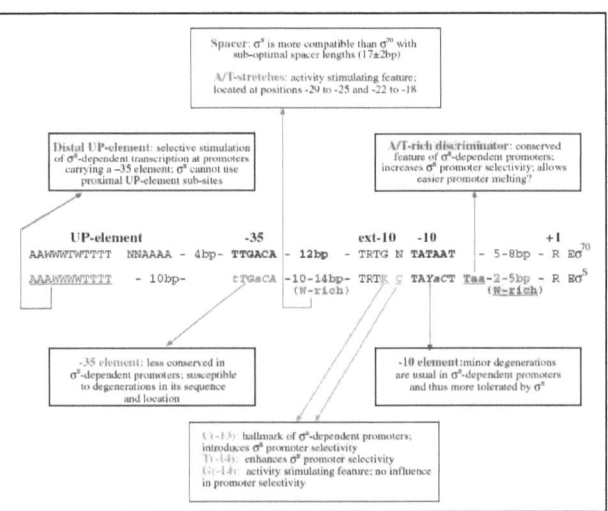

Abbildung 2.2: Konsensusequenzen, die bevorzugt von $E\sigma^{70}$ (obere) und $E\sigma^S$ (untere) transkribiert werden. Fett gedruckt sind die Sequenzen die vor allem konserviert sind, kursiv sind degenerierte $E\sigma^S$-Sequenzen in den -10 und -35 Elementen (die am wenigsten konservierten Nukleotide in Kleinbuchstaben) R sind Purine, Y sind Pyrimidine, K bedeutet T/G, W A/T und M A/C. Aus: (Typas et al., 2007c)

Bei der Kompetition dieser beiden Sigmafaktoren um die Bindung an das Kernenzym der RNA Polymerase spielen Faktoren eine Rolle, die einerseits die Bindungseffektivität von σ^{70} schwächen. Dazu gehören das Alarmon ppGpp, welches die Formierung von $E\sigma^{70}$ inhibiert (Jishage *et al.*, 2002, Laurie *et al.*, 2003, Costanzo *et al.*, 2008), die 6S RNA, eine kleine RNA, induziert in der stationären Phase, die σ^{70}-abhängige Promotoren imitiert und damit $E\sigma^{70}$ sequestriert (Wassarman *et al.*, 2001, Trotochaud & Wassarman, 2005), 2000 und Rsd, der Anti-σ^{70}-Faktor, der ebenfalls σ^{70} "wegfängt" (Ilag *et al.*, 2004, Jishage & Ishihama, 1998). Crl ist ein kleines Protein, das wiederum die Bindungseffektivität von σ^S an E steigert, indem es, an σ^S bindend, auf bisher im Detail nicht verstandene Weise das Gleichgewicht der Formierung von RNAP Holoenzym von $E\sigma^{70}$ zu $E\sigma^S$ verschiebt (Typas et al., 2007a).

Allein diese beiden Sigmafaktoren, σ^S und σ^{70}, spielen also bereits ein exakt komponiertes, von vielen Faktoren beeinflusstes Konzert, welches für einige Gene bereits eine ausreichende Regulation beinhaltet. Für die Transkriptionskontrolle der meisten Gene sind allerdings noch weitere DNA-bindende Transkriptionsfaktoren notwendig.

2.1.2.2 Regulation durch globale und spezifische Transkriptionsfaktoren

E. coli enthält mehr als 300 Gene, die für Transkriptionsfaktoren kodieren (Perez-Rueda & Collado-Vides, 2000). Sieben davon haben Einfluss auf 50% der Gene (CRP, FNR, IHF, Fis, ArcA, NarL, Lrp), während etwa 60 nur ein einziges Gen kontrollieren (Martinez-Antonio et al., 2003). Es wurden fünf Familien von Regulatoren nach Sequenzanalysen definiert, die AraC, LacI, LysR, CRP und OmpR Familien.

Transkriptionsfaktoren werden ihrerseits reguliert, um daraufhin ihr Regulon als Antwort auf ein Signal zu kontrollieren. Dies kann auf der Ebene der Synthese, der Degradation oder der Aktivität geschehen. So kann die DNA-Bindeaffinität durch Bindung eines Liganden verändert werden, zum Beispiel bindet Allolactose als Reporter von Lactose im Medium an den Lac Repressor und deaktiviert ihn dadurch (Muller-Hill, 1975). Kleine Moleküle, die durch Bindung an einen Regulator dessen Aktivität verändern, sind auch cAMP, welches bei Glucosemangel zu hohen Konzentrationen ansteigt und, an CRP bindend, z.B. den Katabolithaushalt reguliert. Die Aktivität eines Regulators kann auch durch Modifikation, z.B. durch Phosphorylierung verändert werden. In Zwei-Komponenten Systemen, den primären Signaltransduktions-Systemen in Prokaryoten, phosphoryliert eine membranständige Sensorkinase, nach Aktivierung durch ein externes Signal, ihren dazugehörigen, cytoplasmatischen Response Regulator, meist ein Transkriptionsfaktor, der dadurch aktiviert wird (zur Übersicht über Zwei-Komponenten Systeme: (Bekker et al., 2006).

Als kleines Molekül, das regulatorisch wirksam ist, sei noch das Alarmon ppGpp (3`,5`-Bisphosphat) erwähnt. Neben der bereits erwähnten Rolle in der σ^S/σ^{70}-Kompetition vermittelt es die stringente Antwort bei Aminosäuremangel, indem es an den Promotoren für Gene, die die Translationsmaschinerie kodieren, die offene Komplexbildung der RNA Polymerase destabilisiert. Das cyclische di-GMP, welches erst in den letzten Jahren als wichtiger Second Messenger entdeckt wurde, spielt z.B. bei der Biofilmbildung eine prominente Rolle (Jenal, 2004, Romling *et al.*, 2005). Die Tatsache, dass *E.coli* eine grosse Anzahl c-di-GMP synthetisierende GGDEF Proteine (Diguanylatcyclasen) und ebenfalls viele c-di-GMP abbauende EAL Proteine (Phosphodiesterasen) besitzt, zeigt die Wichtigkeit dieses kleinen Moleküls in der Regulation, auch wenn die Suche nach den Zielgenen noch ganz am Anfang steht. Im Falle der Biofilmbildung aktiviert c-di-GMP die Transkription von CsgD, dem Aktivator der Curli Fimbrien, nach einem bisher nicht verstandenen Mechanismus (Weber et al., 2006).

Transkriptionsfaktoren - Aktivatoren oder Repressoren - interagieren mit der RNA Polymerase, um diese bei der Transkriptionsinitiation zu behindern bzw. zu unterstützen. Für eine einfache Aktivierung unterscheidet man drei generelle Mechanismen. Beim ersten Mechanismus, der Klasse I Aktivierung, interagiert der Aktivator, der stromaufwärts der -35 Region des Promotors bindet, mit der C-terminalen Domäne der α-Untereinheit der RNA Polymerase (αCTD) und ermöglicht/verstärkt dadurch die Bindung der RNAP an den Promotor. Die αCTD ist durch einen flexiblen Linker mit der, an die RNA Polymerase β-Untereinheiten bindenden, N-terminalen Domäne (αNTD) verknüpft und ist Haupt-Interaktionsort mit Transkriptionsfaktoren oder dem UP Element vom Promotor (Gaal et al., 1996, Estrem et al., 1999, Gourse et al., 2000). Bei der Klasse II Aktivierung überlappt die Aktivatorbindestelle mit der -35 Region und der Aktivator interagiert mit der Region 4 der σ Untereinheit, teilweise auch mit der αNTD, dadurch die RNA Polymerase zum Promotor rekrutierend (Dove et al., 2003) Beim dritten Mechanismus verändert der Aktivator die Konformation der Promoter-DNA, indem er direkt daran oder sehr nahe bindet. Ein Beispiel dafür sind MerR-ähnliche Aktivatoren, die an die Spacersequenz zwischen -10 und -35 Region binden, die DNA dadurch verbiegend, um die Promotorelemente in eine zur Erkennung durch die RNA Polymerase adequate Stellung zu orientieren (Brown et al., 2003).

Bei der Repression kann man ebenfalls drei generelle Mechanismen finden. Der erste beinhaltet einfach die Verhinderung der Bindung der RNA Polymerase durch Überlappung der Bindestelle des Repressors mit dem Promotor, prominentes Beispiel ist wieder der Lac Repressor (Muller-Hill, 1975). Bei GalR findet man einen anderen Mechanismus, nämlich die Bildung eines DNA-Loop durch distale stromaufwärts und stromabwärts des Promotors gelegene Bindestellen und Tetramerbildung von GalR. Durch den Loop wird ebenfalls die Bindung der RNA Polymerase verhindert (Choy, 1996). Desweiteren kann Repression auch durch Anti-Aktivierung verwirklicht werden. CytR z.B. ist ein Anti-Aktivator und interagiert an zahlreichen Promotoren mit CRP, das als Aktivator gebunden ist, dabei dessen Interaktion mit der RNAP verhindernd (Valentin-Hansen et al., 1996).

Die meisten Promotoren werden durch mehr als einen Faktor kontrolliert, meist durch Aktivator und Repressor oder mehrere Aktivatoren, selten nur durch Repressoren. Dabei gibt es alle möglichen Varianten der oben beschriebenen Mechanismen, ergänzt durch Interaktionen zwischen den Transkriptionsfaktoren. So können verschiedene Aktivatoren sich zum Beispiel durch sukzessive Bindung zur richtigen Positionierung gegenüber der RNAP verhelfen. Ein Beispiel hierfür findet man bei MalT am *malK* Promotor, welches durch CRP zur richtigen Position "geschubst" wird (Richet et al., 1991). Es kann auch ein Aktivator eine DNA-Biegung verursachen, die es einem anderen Aktivator ermöglicht, trotz weit entfernt liegendem DNA-Bindungsort, mit der RNAP zu interagieren (Schroder et al., 1993). Die Bindung der Faktoren kann kooperativ erfolgen oder sich gegenseitig behindern oder unabhängig voneinander sein. Durch das Zusammenspiel mehrerer Regulatoren können verschiedene Signale integriert werden. So ist beim *lac* Promotor der Aktivator CRP sensitiv für Glucosemangel im Medium und der Lac Repressor wird bei Vorhandensein von Lactose im Medium deaktiviert. Es findet also hier die Integration eines globalen und eines spezifischen Signales statt, welche beide notwendige Informationen zur Induktion der Synthese der Lactosemetabolismusenzyme sind (Muller-Hill, 1975).

Viele Proteine wie H-NS, HU, StpA, Dps, IHF und Fis binden relativ unspezifisch an viele Orte des

Chromosoms, dadurch seine Konformation, das Supercoiling, verändernd und es kompaktierend (Azam & Ishihama, 1999). Auch die Transkription wird dadurch beeinflusst. Am besten erforscht ist H-NS, welches an AT-reiche Regionen - ein degeneriertes Motiv wurde definiert (Lang et al., 2007) - bindet und ausgedehnte Protein-Nukleoid Komplexe bilden kann (Schnetz, 1995, Petersen et al., 2002). Trotz seiner degenerierten Konsensussequenz wurde in ChIp-Chip Experimenten festgestellt, dass H-NS ganz bevorzugt in der Umgebung von Promotoren bindet, was seine direkte Beeinflussung der Transkriptionsinitiation bestätigt (Grainger et al., 2006). Viele Gene wie *bgl* und *proU* werden durch H-NS komplett still gelegt und können nur durch Anti-Silencer, die höhere Affinität als H-NS zu den Promotorsequenzen haben, induziert werden. Ein Beispiel dafür ist auch der *gadA* Promotor, der durch H-NS reprimiert wird und nach Verdrängung von H-NS durch GadX aktiviert wird (Giangrossi et al., 2005, Tramonti *et al.*, 2006).

2.1.2.3 Transkriptionsregulationsnetzwerke: Motive und Module

Transkriptionsregulationsnetzwerke kontrollieren als Antwort auf externe oder interne Signale durch Interaktion zwischen den Transkriptionsfaktoren und den Effektorgenen, die Konzentration und zeitliche Abfolge der benötigten Proteine. In den letzten Jahren hat sich die Untersuchung von Regulationsnetzwerken durch systematische experimentelle Datensammlung und die Anwendung von mathematischen Computermodellen verfeinert. Dabei konnte man wiederkehrende Motive definieren, welche in allen Organismen zu finden sind. *Escherichia coli* stellt dafür ein perfektes Forschungsobjekt dar, da es am detailliertesten erforscht ist. Interessant ist vor allem das Erkennen der Funktionen, die jedes Motiv ausübt, im entsprechenden Kontext *in silico* und deren experimentelle Verifizierung *in vivo* (zur Übersicht: (Seshasayee *et al.*, 2006, Alon, 2007).

Ausgehend von einem Signal, das einen Regulator aktiviert, welcher ein Gen aktiviert, gibt es als einfachstes Motiv die **einfache Regulation** (Abb. 2.3 A). Diese führt bei Einsetzen des Signales zu einem Anstieg des Genproduktes bis zu einem Sättigungspunkt, bestimmt durch Abbau des Produktes oder wachstumsbedingte Ausdünnung, und einem Abfall desselben nach Ausbleiben des Signales mit der gleichen Geschwindigkeit. Etwa die Hälfte der Repressoren von *E. coli* reprimieren sich selbst, bezeichnet als **negative Autoregulation** (Abb. 2.3 B) (Thieffry *et al.*, 1998, Rosenfeld *et al.*, 2002). Negative Autoregulation in Kombination mit einem starken Promotor führt zu einer höheren Dynamik der Antwort, das heisst ein schnellerer Anstieg und ein schnelleres Eintreten in den Sättigungspunkt, der dem Schwellenwert entspricht, bei welchem der Repressor an den eigenen Promoter bindet (Rosenfeld *et al.*, 2002). In *Escherichia coli* wurde diese Modellierung zum Beispiel beim LexA Repressor der SOS Antwort experimentell bestätigt (Camas *et al.*, 2006). Dazu sorgt die negative Autoregulation für eine geringe Variation zwischen den Zellen in der Konzentration des Produktes. Eine solche Variation wird hervorgerufen durch fluktuierende Produktionsraten zwischen den Zellen.

Bei negativer Autoregulation titriert die Konzentration des Genproduktes seine eigene Produktion und wirkt dadurch ausgleichend auf Variationen (Dublanche *et al.*, 2006). **Positive Autoregulation** (Abb. 2.3 C) dagegen, also die Aktivierung durch das eigene Produkt, führt zu einer verringerten Dynamik der Antwort, denn der Regulator muss erst den Schwellenwert erreichen, bevor er seinen eigenen Promotor aktiviert (Maeda & Sano, 2006). Dies führt auch zu stärkerer Zell-Zell Variation (Becskei *et al.*, 2001), welche bis zu einer differenzierungsartigen Populationsteilung werden kann. Dies kann von Nutzen sein, um in einer stochastischen Umgebung einen gemischten Phänotypen aufrecht zu erhalten (Wolf & Arkin, 2003).

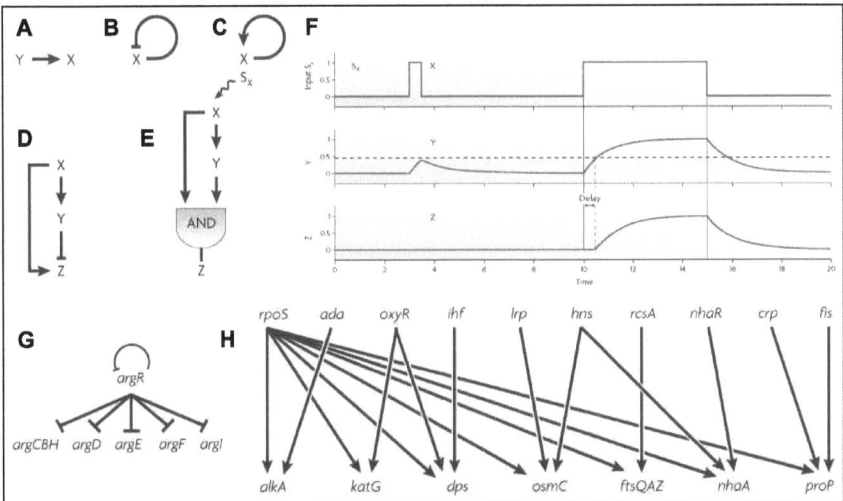

Abbildung 2.3: Darstellung verschiedener Netzwerkmotive und -module **A** Einfache Regulation **B** Negative Autoregulation **C** Positive Autoregulation **D** Inkohärenter Feedforward Loop Typ I **E** Kohärenter Feedforward Loop Typ I mit "und" Funktion **F** Schematische Darstellung der Kinetik eines Systems, das in E dargestellt ist **G** Single Input Modul **H** Multi Input Modul. Aus: (Alon, 2007)

Eine weitere Gruppe Netzwerkmotive bilden die **Feedforward Loops (FFL)**. Ein primärer Regulator reguliert einerseits direkt ein Gen, andererseits einen weiteren sekundären Regulator, der ebenfalls dasselbe Gen reguliert. Bei dieser Konstruktion gibt es theoretisch acht Möglichkeiten von Interaktionsmustern, wenn man bedenkt, dass bei allen drei Interaktionen Aktivierung oder Repression vorliegen können. Diese Anzahl erhöht sich noch dadurch, dass das Ausgangssignal am Promotor des kontrollierten Genes entweder eine "und" Funktion des primären und sekundären Regulators sein kann, das heisst, der Promotor braucht beide Regulatoren, um aktiviert/reprimiert zu werden, oder eine "oder" Funktion, das heisst, einer der Regulatoren ist ausreichend. In *E. coli* überwiegen bei weitem der **Kohärente FFL Typ 1 (C1-FFL)** (Abb. 2.3 E) und der **Inkohärente FFL Typ 1 (I1-FFL)** (Abb. 2.3 D) (Mangan & Alon, 2003). Mit einer "und" Funktion am Genpromotor bewirkt der C1-FFL eine

Signal-sensitive Verzögerung. Nach Signaleingang findet eine Verzögerung der Promotoraktivierung statt, denn die Konzentration des zweiten Regulators muss zuerst die Aktivierungsschwelle erreichen. Hingegen wird der Promotor bei Ausbleiben des Signales schnell ausgeschaltet. Dieser Aufbau kann als Rauschfilter fungieren, denn kurzzeitige Signale erlauben keine ausreichende Akkumulation des zweiten Regulators, um das Gen zu aktivieren (Abb. 2.3 F) (Alon, 2007). Diese Form des Feedforward Loops liegt zum Beispiel beim Arabinose System vor und die erwarteten Effekte wurden dort auch *in vivo* gemessen (Mangan *et al.*, 2003). Mit einer "oder" Funktion zeigt dieser Typ des Feedforward Loops genau den gegenteiligen Effekt, nämlich eine schnelle Stimulation, jedoch ein verzögertes Abschalten des Promotors. Bei einem vorübergehenden Verlust des Signales wird also das Gen nicht sofort deaktiviert. *In vivo* findet man diese Struktur zum Beispiel bei der Kontrolle der Flagellenmotorgenen und die hier festgestellte Verzögerung des Abschaltens des Signales ermöglicht vermutlich die vorherige Fertigstellung des Flagellenmotors (Kalir *et al.*, 2005). Der I1-FFL bewirkt eine schnelle, aber vorübergehende Antwort auf ein Signal, zu finden z.B. im Galactose-System (Mangan *et al.*, 2006).

Bei Modulen spricht man im allgemeinen über weiter verzweigte oder kombinierte Motive. Ein solches Modul ist z.B. das **Single Input Modul (SIM)** (Abb. 2.3 G), bei welchem ein Regulator eine größere Anzahl von Genen reguliert. Dies dient der koordinierten Expression von mehreren Genen, die verwandte Funktion haben. Dabei kann durch unterschiedlich starke Bindungsaffinität des Regulators zu den Promotoren eine zeitliche Abfolge der Expression gewährleistet werden, die mit der temporären Funktionsabfolge der Produkte übereinstimmt. Beispiele sind das Arginin-Biosynthese-System oder andere lineare Biosynthese-Systeme (Zaslaver *et al.*, 2004). Wenn eine Anzahl Regulatoren eine Anzahl von Effektorgenen kombiniert kontrolliert, dann spricht man von einem **Multi Input Modul (MIM)** (Abb. 2.3 H). Multiple Input Signale werden übersetzt in zahlreiche Outputs. Diese Anordnung findet man bei der generellen Stressantwort oder bei anaerobem Wachstum. Alle diese beschriebenen Module organisieren sich global zu komplexen Regulationsmodulen, wobei Signaltranskriptionskaskaden in Bakterien normalerweise flach gebaut sind, mit meist nur einer bis maximal drei Instanzen, um schnelle Reaktionen zu gewährleisten. Hingegen sind Entwicklungstranskriptionskaskaden, welche über das Zellschicksal über eine oder mehrere Generationszeiten entscheiden, meist aus mehreren Instanzen aufgebaut und beinhalten irreversible Schritte, zum Beispiel durch eingebaute **Feedback Loops**, welche ermöglichen, dass auch nach Ausbleiben des Signales eine "Erinnerung", also ein fortgesetzter Output aufrecht erhalten bleibt (zur Übersicht: (Levine & Davidson, 2005)).

Eine schöne Gesamtübersicht für das globale Transkriptionsregulationsnetzwerk von *Escherichia coli* nach den bisherigen Erkenntnissen befindet sich in der Online Version von (Shen-Orr *et al.*, 2002).

2.1.3 Kleine RNAs und Regulation auf mRNA Ebene

Kleine RNAs (sRNA=small RNA) oder nicht-kodierende RNAs sind eine Klasse von *in trans* an der Genexpression beteiligten, zwischen 50 und 400 nt langen RNA Sequenzen, welche keinen offenen Leserahmen enthalten. Es gibt auch sRNAs, die die Aktivität von Proteinen beeinflussen, worauf hier allerdings nicht weiter eingegangen wird. Während bis vor kurzem nur wenige nicht-kodierende RNAs bekannt waren, die man mehr oder weniger zufällig entdeckt hatte, wurden mittlerweile durch gezielte, die modernen Chip- und Computer-basierten Methoden einsetzende Suche (zur Übersicht: (Vogel & Sharma, 2005)) eine grosse Anzahl potentieller sRNAs auf dem Chromosom von *E. coli* identifiziert, was vermuten lässt, dass ihre Anzahl in die Hunderte gehen könnte. Dies verdeutlicht, dass es sich hierbei um einen globalen Mechanismus in der Regulation von Genexpression handelt, auch wenn bisher nur von wenigen sRNAs bekannt ist, auf welche Zielgene sie wirken. Kleine RNAs beeinflussen die Translationseffizienz oder mRNA Stabilität, in der Regel durch Basenpaarbindung an die Ziel-mRNA, wodurch sie entweder die Shine-Dalgarno-Sequenz maskieren oder durch Entfaltung der Sekundärstruktur für das Ribosom zugänglich machen oder indem sie RNasen zum Abbau der mRNA rekrutieren. Der primäre Signalinput zur Regulation findet auf Ebene der Synthese der sRNAs statt. Die meisten regulatorisch wirksamen sRNAs gehören zu gut definierten Regulons, wie zum Beispiel dem σ^E Regulon, wozu RybB und MicA gehören (Johansen *et al.*, 2006, Udekwu *et al.*, 2005) oder RyhB und PrrF gehören zum Fur Regulon (Masse & Gottesman, 2002, Wilderman *et al.*, 2004, Davis *et al.*, 2005), das bei Eisenmangel induziert wird. Viele sRNAs werden prozessiert (Argaman *et al.*, 2001, Repoila & Gottesman, 2001, Sledjeski *et al.*, 2001, Vogel *et al.*, 2003, Opdyke *et al.*, 2004), wobei bisher wenig über die Aktivität der verschiedenen Fragmente bekannt ist.. Das für die Aktivität fast aller sRNAs essentielle RNA-Chaperon, ist Hfq (Zhang *et al.*, 1998, Sledjeski et al., 2001). Es bindet sRNAs (Wassarman et al., 2001, Zhang *et al.*, 2003), stabilisiert sie dadurch (Moller *et al.*, 2002, Antal *et al.*, 2005) und unterstützt sie bei der Bindung an ihre Ziel-mRNA (Moller et al., 2002, Lease & Woodson, 2004, Geissmann & Touati, 2004, Kawamoto *et al.*, 2006, Zhang *et al.*, 2002).

Abschliessend sei der Vollständigkeit halber erwähnt, dass Translation auch ohne weitere Faktoren, allein durch umweltabhängige Veränderung der mRNA Sekundärstruktur reguliert sein kann. Dazu gehören zum Beispiel die so genannten "RNA Thermometer", komplexe Stem-Loop-Strukturen der mRNA, die die Shine-Dalgarno-Sequenz maskieren, aber bei höheren Temperaturen aufschmelzen, damit den Ribosomen den Zugang ermöglichend (Narberhaus *et al.*, 2006).

2.1.3.1 Kontrolle der mRNA Stabilität

Kleine RNAs können die schnelle und komplette Degradation von spezifischen mRNAs bewirken. In der Regel wird dieser gezielte Abbau durch die Endonuklease RNaseE bewerkstelligt, welche AU-reiche, einzelsträngige Sequenzen schneidet. Dadurch ermöglicht sie anderen Exonukleasen den vollständigen Abbau (zur Übersicht: (Kennell, 2002)). Häufig steht die Destabilisierung der mRNA im Zusammenhang mit der Bindung der sRNA an die Ribosomenbindestelle. Daher vermutet man, dass die fehlenden translatierenden Ribosomen eine interne Erkennungsstelle für RNaseE frei legen könnten (Deana & Belasco, 2005). Eine andere Möglichkeit wäre, dass die Bindung der sRNA die sekundäre Struktur der mRNA derart verändert, dass RNaseE stimuliert wird. Die Erkennungssequenz von RNase E beinhaltet nämlich auch Sekundärstrukturen, so wurde eine AU-reiche Abfolge als Schnittstelle meist in der Nähe einer stabilen Haarnadelschleife gefunden (Ehretsmann *et al.*, 1992, Coburn *et al.*, 1999). Es wurde auch eine direkte Interaktion zwischen Hfq und RNase E nachgewiesen (Morita *et al.*, 2005), was vermuten lässt, da beide ähnliche Erkennungssequenzen haben, dass Hfq RNase E hilft, auch degeneriertere Motive zu erkennen. Insgesamt ist über den Mechanismus des RNA Abbaus, der über kleine regulatorische RNAs gesteuert wird, noch vieles unklar.

Eines der besser untersuchten Beispiele für RNA-vermittelten mRNA Abbau findet man im Fur Regulon. Bei Eisenmangel wird die Synthese Eisen-enthaltender Proteine und Ferritine inhibiert, während sie bei viel Eisen im Medium induziert wird. Zu viel Fe^{2+} ist für die Zellen toxisch, während es allerdings normalerweise der limitierende Faktor in der Umwelt (vor allem im Darm) ist und die Zelle daher besonders starke Eisen-aquirierende Systeme besitzt (Escolar *et al.*, 1999, Hantke, 2001, Kadner, 2005). Die Kontrolle von Eisenaquisition/-protektion muss deshalb sehr exakt reguliert werden. Fur ist ein Repressor, der durch hohe Fe^{2+}-Konzentration aktiviert wird, um die hochaffinen Eisenaufnahmesysteme (wie Enterobactin) unter Kontrolle zu halten. Wie er indirekt auch aktivatorisch auf eine Anzahl Gene wirkt, wurde erst kürzlich entdeckt. Interessanterweise ist dieser posttranskriptionale Mechanismus ganz ähnlich auch in Säugetierzellen zu finden (Rouault, 2002). Fur reprimiert die kleine regulatorische RNA RyhB (Masse & Gottesman, 2002). Ist wenig Fe^{2+} vorhanden, wird RyhB dereprimiert und bindet an zahlreiche mRNAs, wie diejenigen, die für die Enzyme des TCA-Zyklus kodieren (Fe-S Proteine) oder *ftnA* und *bfr*, welche für Eisen-speichernde und zellprotektive Ferritine kodieren, oder *sodB*, kodierend für die Superoxid-Dismutase. Für *sodB* ist die Bindung mit RyhB gezeigt worden. Sie überlappt mit der Ribosomenbindestelle (Vecerek *et al.*, 2003, Geissmann & Touati, 2004). Neben der daher vermuteten Blockade der Translation, wurde auch der schnelle Abbau aller mRNAs dieses Regulons festgestellt. Erstaunlicherweise wird RyhB ebenfalls selbst degradiert, wobei für dessen Abbau die Bindung an die mRNA essentiell ist. Für beide RNA Arten ist der Abbau RNase E abhängig (Afonyushkin *et al.*, 2005, Morita *et al.*, 2006, Masse *et al.*, 2003).

2.1.3.2 Kontrolle der Translation

Mehr als über den regulierten Abbau der mRNAs durch kleine RNAs ist über die Kontrolle der Translation bekannt, jedenfalls in den bereits gut untersuchten Fällen, welche schon vor längerer Zeit entdeckt wurden, da sie einen erheblichen Einfluss auf die globale Regulation ausüben. So soll hier beispielhaft die Translationsregulation der *rpoS* mRNA näher beschrieben werden. Die

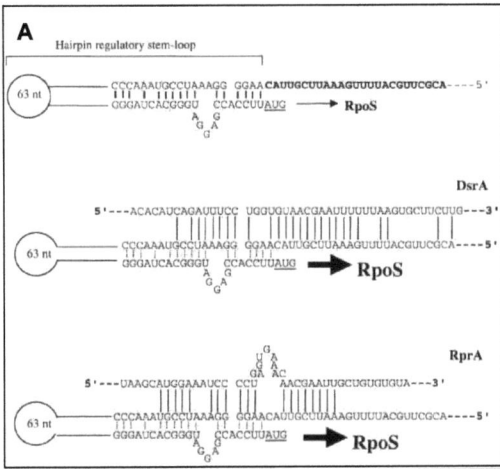

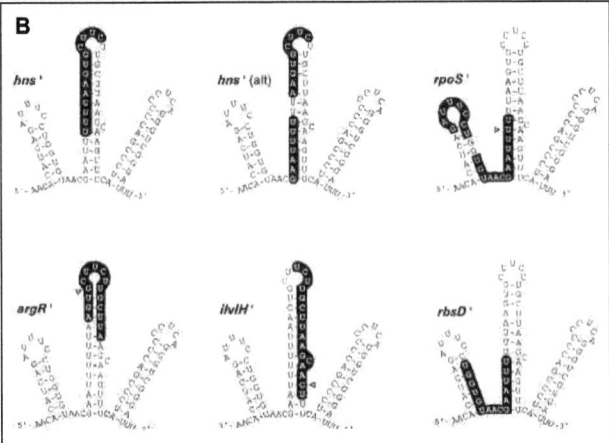

Abbildung 2.4: Struktur und Basenpaarbindung von DsrA
A Vorhergesagte Struktur der 5´ *rpoS* mRNA, die vermutliche Basenpaarbindung zu DsrA und zu RprA. Aus: (Repoila et al., 2003)
B Komplementäre Sequenzen von DsrA (gezeigt wird seine prognostizierte Sekundärstruktur) zu 5 5`Enden von Genen in *E. coli*, per Computersuche gefunden. Die komplementären Sequenzen sind mit weissen Buchstaben auf schwarzem Hintergrund hervorgehoben. In der oberen Reihe befinden sich nachgewiesene Bindungen, in der unteren mutmassliche. Aus: (Lease et al., 1998)

Translationseffizienz von *rpoS* steigt bei hoher Osmolarität, niedrigem pH, niedriger Temperatur und hoher Zelldichte (Hengge-Aronis, 2002b). Dieser Anstieg ist abhängig von Hfq (Muffler et al., 1996b) und einer Sequenz weit stromaufwärts des *rpoS* Startkodons, welche dafür sorgt, dass sich eine stabile Haarnadelschleifenstruktur der *rpoS* mRNA bildet, die die Shine-Dalgarno-Sequenz in Basenpaarbindung "gefangen" hält (Brown & Elliott, 1997). Die sRNAs DsrA und RprA wurden als

Aktivatoren der Translation identifiziert (Sledjeski et al., 1996, Majdalani et al., 2001), indem sie an die stromaufwärts gelegene Sequenz mit höherer Affinität binden und damit die Haarnadelstruktur zerstören (Majdalani et al., 1998, Majdalani et al., 2002). Die sRNA OxyS hingegen inhibiert die Translation nach einem noch nicht genauer verstandenen Mechanismus, der ebenso direkt wie auch indirekt sein kann (Zhang et al., 1998). Wo findet der Signalinput statt? DsrA gehört zum Kälteschockregulon, d.h. sein zellulärer Gehalt steigt bei 25°C etwa 30 fach an im Vergleich zu 42°C. Dieser Anstieg ist ein Resultat aus erhöhter Transkription (Repoila & Gottesman, 2001, Majdalani et al., 1998) und verringerter Prozessierung zur in Bezug auf *rpoS* inaktiven, kürzeren Form (Repoila & Gottesman, 2001). Das primäre Transkript von DsrA ist 85 Nukleotide lang, während das am 5`Ende (dem Teil, der mit der *rpoS* mRNA interagiert) prozessierte nur 61 Nukleotide lang ist. Da von DsrA auch noch andere Ziel-mRNAs bekannt sind (vor allem *hns*), die andere Sequenzabschnitte zur Basenpaarung benötigen, kann DsrA wahrscheinlich gleichzeitig auch Temperatur-unabhängig regulatorisch aktiv sein. Ausserdem wurde LeuO als Repressor der *dsrA* Transkription identifiziert (Klauck et al., 1997, Repoila & Gottesman, 2001). RprA agiert mit dem gleichen Mechanismus wie DsrA an der *rpoS* mRNA. Die *rprA* Transkription wird, wahrscheinlich als Antwort auf Zelloberflächen-Stress durch den Response Regulator RcsB, phosphoryliert durch die RcsC Sensorkinase, induziert (Majdalani et al., 2002). Die Steigerung der *rpoS* Translationseffizienz bei Osmoschock ist stark abhängig von RprA und DsrA, obwohl beide nicht signifikant induziert werden (Hengge-Aronis, 2002a, Majdalani et al., 2001). Dies zeigt, dass der regulatorische Signalinput nicht nur über die Syntheseregulation der sRNAs gehen muss. Gerade bei RNAs kann man sich gut vorstellen, dass die Veränderung ihrer Sekundärstruktur in Abhängigkeit von Veränderungen der Temperatur, Ionenkonzentration etc. grossen Einfluss auf ihre Aktivität und Interaktion mit anderen RNAs haben.

2.1.4 Proteolyse als Regulationsmechanismus

Abgesehen von der Rolle der Proteolyse zur Beseitigung nicht benötigter denaturierter, missgefalteter, unvollständiger oder nicht funktionstüchtiger Proteine (Gottesman, 1996, Gottesman et al., 1998), hat sie grosse Bedeutung bei der gezielten und spezifischen Kontrolle zellulärer Prozesse. In eukaryotischen Zellen ist die Rolle der Proteasomen, hauptsächlich des 26S Proteasoms, bei der Anpassung an veränderte Umweltbedingungen und bei der Kontrolle zeitabhängiger zellulärer Programme (z.B. im Zellzyklus und bei der Apoptose) lange bekannt und gut dokumentiert. Auch bei Prokaryoten ist mittlerweile der regulierende Einfluss der Proteolyse auf vielerlei Zellereignisse beschrieben (Gottesman, 1999, Jenal & Hengge-Aronis, 2003, Hengge & Bukau, 2003, Gottesman, 1996). Die beiden am besten charakterisierten Beispiele in *Escherichia coli* sind die Rolle der Proteolyse bei der generellen Stressantwort und bei der Hitzeschockantwort, in beiden Fällen den kontrollierten Abbau eines Sigmafaktors betreffend. Der Stress-Sigmafaktor σ^S wird während exponentiellen Wachstums unter Nicht-Stress Bedingungen schnell abgebaut durch die ClpXP Protease und bei Eintritt eines Stresses (Osmostress, Kohlenstoffmangel, Säurestress, Hitzeschock) stabilisiert, wodurch σ^S-abhängige Gene schnell hochreguliert werden (Lange & Hengge-Aronis, 1994, Muffler et al., 1997, Muffler et al., 1996a, Schweder et al., 1996, Takayanagi et al., 1994). Bei der Hitzeschockantwort wird der Abbau des Hitzeschock-Sigmafaktors σ^H durch die membranständige FtsH Protease mit DnaK als Adaptor. Durch das massive Auftreten denaturierter Proteine bei Hitzeschock und der daraus resultierenden Titration von DnaK als wichtigstes Chaperon wird der Abbau von σ^H inhibiert und der σ^H-Spiegel steigt schnell an, woraufhin das Hitzeschock-Regulon induziert wird (Bukau, 1993, Yura et al., 2000). In beiden Fällen bewirkt also das Signal eine Stabilisierung des Aktivators der entsprechenden Antwort. Ein weiterer kürzlich als instabil entdeckter Sigmafaktor ist der flagellare Sigmafaktor σ^F (FliA), der unter proteolytischer Kontrolle durch Lon steht, jedoch durch Bindung an seinen Anti-Sigmafaktor FlgM vor dem Abbau geschützt wird. Durch diese Doppelfunktion von FlgM als Inhibitor der Aktivität und als Protektor vor dem Abbau für σ^F wird einen 1:1 Stöchometrie (σ^F:FlgM) in der Zelle aufrecht erhalten, die nur für eine kurze Zeitspanne ins Ungleichgewicht gerät, wenn FlgM exportiert wird und die Klasse 3 Gene der Flagellenkaskade durch freies σ^F induziert werden. Durch σ^F-Proteolyse, Stop des FlgM-Exports und einsetzende FlgM-Synthese jedoch, wird die Stöchiometrie schnell wieder hergestellt und die Transkription der Flagellengene abgeschaltet (Barembruch & Hengge, 2007). Zur Übersicht über die Flagellenkaskade: (Chilcott & Hughes, 2000).

Escherichia coli verfügt über zahlreiche Proteasen, die sich in ihrem Energiebedarf, ihrer Lokalisation, den katalytischen Aminosäureresten (Serin, Threonin, Cystein, Aspartat) bzw. Ionen bei den Metalloproteasen und darin, ob sie ihre Substrate vollständig abbauen oder lediglich spalten, unterscheiden (zur Übersicht: (Rawlings & Barrett, 1995a, Rawlings & Barrett, 1995b, Rawlings & Barrett, 1994a, Rawlings & Barrett, 1994b, Rawlings et al., 2004)). Nicht-prozessive Proteolyse kann zur Reifung eines Regulators beitragen oder durch Spaltung interne Erkennungsstellen zum weiteren Abbau freilegen, also ein Schritt in einer sequentiellen Abbaukaskade sein. Beispiel dafür ist der LexA Repressor der SOS Gene, welcher sich autokatalytisch spaltet, aktiviert durch RecA, und dadurch beide entstehenden Teile zum vollständigen Abbau durch ClpXP zugänglich werden (Neher et al., 2003). Ein anderes Beispiel sequentieller Proteolyse findet man bei der Aktivierung des σ^E Regulons durch extracytoplasmatischen Stress, der sich durch Akkumulation ungefalteter periplasmatischer Proteine äussert. Die periplasmatische DegS Protease schneidet, aktiviert durch freigelegte Enden ungefalteter Proteine, den Anti-σ^E-Faktor RseA, ein integrales Cytoplasmamembran-Protein, am periplasmatischen N-Terminus. Dieser Schritt ist essentiell zur Rekrutierung der membranintegralen RseP Protease zu RseA, welche ebenfalls den Antisigmafaktor schneidet, welcher daraufhin σ^E auf der cytoplasmatischen Seite entlässt, woraufhin das entsprechende Regulon exprimiert werden kann (Kanehara et al., 2002, Alba et al., 2002).

Die prozessiven, cytoplasmatischen, energieabhängigen Serinproteasen ClpAP, ClpXP und Lon sind allerdings die am besten charakterisierten Proteasen in *E. coli* und prominent, da sie in einer besonderen Vielzahl von Zellprozessen eine Rolle zu spielen scheinen. Sie sind zusammen für den Abbau von über 70% der Proteine in *E. coli* verantwortlich (Maurizi, 1992). Daher beschäftigt sich die vorliegende Arbeit besonders mit diesen Proteasen und sie werden im weiteren näher beschrieben.

2.1.4.1 Clp und Lon Proteasen: Struktur und Rolle in der Regulation

ClpAP, ClpXP und Lon beinhalten die Funktionen der spezifischen Substraterkennung, der ATP-verbrauchenden Entfaltung der Proteine sowie der Katalyse des vollständigen Abbaus der Proteine (zur Übersicht: (Sauer *et al.*, 2004)). Während die Lon Protease alle diese Funktionen in einem Molekül vereinigt, sind die Clp Proteasen Multienzymkomplexe, die sich aus unterschiedlichen Untereinheiten zusammensetzen.

Die ClpP Protease bildet mit zwei Heptamerringen eine Fass-artige Quartärstruktur, innerhalb derer das katalytische Zentrum liegt, mit zwei 10 Å engen Poren an den gegenüberliegenden Enden, die nur den Einlass vorher denaturierter Substrate zulassen. (Maurizi *et al.*, 1990, Wang *et al.*, 1997, Gottesman, 1996, Wickner & Maurizi, 1999). ClpA und ClpX gehören zur Superfamilie der AAA+ (<u>A</u>TPase <u>a</u>ssoziiert mit zahlreichen <u>A</u>ktivitäten) ATPasen und sind Chaperone, die, je zwei Hexamerringe bildend, an den gegenüberliegenden Enden des ClpP-Multimeres bindend (Beuron *et al.*, 1998, Grimaud *et al.*, 1998) und für die Substraterkennung, ATP-abhängige

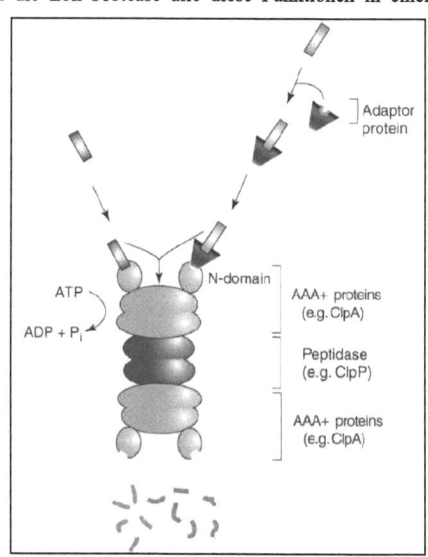

Abbildung 2.5: Schematische Darstellung der ClpAP Protease und der Substraterkennung und -prozessierung. Substrate können direkt erkannt werden (rot) oder über Adaptorproteine indirekt (grün) an der N-terminalen Domäne der ClpA ATPase, gefolgt von ATP verbrauchender Entfaltung und Translokation in die ClpP Protease und vollständigem Abbau. Aus: (Mogk *et al.*, 2007)

Entfaltung und Weitergabe der Polypeptidkette an das proteolytische Zentrum zuständig sind (Wojtkowiak *et al.*, 1993, Wawrzynow *et al.*, 1995, Weber-Ban *et al.*, 1999, Kim *et al.*, 2000, Baker & Sauer, 2006) (zur Übersicht: (Maurizi *et al.*, 1990)). Mithilfe einer ClpP Mutante, die eine Mutation im aktiven Zentrum trägt, welche bewirkt, dass Substrate zwar binden, aber nicht abgebaut werden -

der ClpP^{trap} - wurden zahlreiche potentielle ClpXP Substratproteine isoliert (Flynn *et al.*, 2003). Viele davon spielen in Stressbedingungen und bei Umweltveränderungen eine Rolle (der Abbau von σ^S durch ClpXP wurde bereits erwähnt), darunter einige Stationärphasenproteine und Proteine, die den Zellen bei oxidativen Stress helfen und beim Übergang von aeroben zu anaeroben Bedingungen. Von der ClpAP Protease wird angenommen, dass sie unspezifischer ist und eher in der Proteinqualitätskontrolle eine Rolle spielt. Sie baut vor allem N-End-Regel Substrate ab (s.u.) und missgefaltete Proteine, während ClpXP die spezifischere Protease zu sein scheint, die in regulatorische Prozesse eingreift. Beide Proteasen und auch die Lon Protease zeigen jedoch auch überlappende Substratspektren, z.B. bei Regulatoren wie σ^H oder MazE, wobei sich meist entweder die Präferenz je nach Bedingung verschiebt oder eine Protease primär für den Abbau zuständig ist (Gottesman, 1996, Tsilibaris *et al.*, 2006).

Lon hat drei Domänen: eine N-terminale Substrat-Erkennungs- und Bindungs-Domäne (Ebel *et al.*, 1999), eine zentrale ATPase-Domäne mit Walker Motiv (Fischer & Glockshuber, 1994), zusätzlich Polyphosphat- und DNA-bindend (Nomura *et al.*, 2004) und eine C-terminale proteolytische, die katalytisch aktive Serin-Lysin Dyade enthaltende Domäne (Amerik *et al.*, 1994). Zusätzlich gibt es noch eine Signal- und Substrat-Diskriminierungsregion, welche ebenfalls bei der Erkennung eine Rolle spielt (Smith *et al.*, 1999). Strukturhomolog zu den Clp Proteasen bildet Lon höchstwahrscheinlich mit sechs Untereinheiten eine ringförmige Struktur, in welcher sich das proteolytische Zentrum innerhalb einer abgeschirmten Kammer befindet (Park *et al.*, 2006, Rotanova *et al.*, 2006). Lon ist in erster Linie massgeblich in der Proteinqualitätskontrolle (Maurizi *et al.*, 1985), aber auch Regulatoren werden durch diese Protease spezifisch abgebaut (zur Übersicht: Tsilibaris *et al.*, 2006)). Phänotypisch gut identifizierbar werden so zum Beispiel RcsA, der Aktivator der Kapselpolysaccharid-Synthesegene (Torres-Cabassa & Gottesman, 1987) und SulA, Zellteilungsinhibitor in der SOS Antwort (Mizusawa & Gottesman, 1983) von Lon abgebaut. Diese Substrate führen bei *lon* Mutanten zu verminderter Wachstumsrate und einem "schleimigen" Phänotyp durch stark induzierte Kapselsynthese. Darüberhinaus hat Lon eine wichtige Rolle bei Nährstoffmangel inne, indem es freie ribosomale Proteine abbaut, um die frei werdenden Aminosäuren für die Synthese in dieser Situation benötigter Enzyme zugänglich zu machen. In seiner Spezifität wird Lon dafür durch Bindung von Polyphosphat, welches bei Eintritt von "Hunger" akkumuliert, verändert (Kuroda *et al.*, 2001).

2.1.4.2 Substratspezifizierung durch Clp und Lon

Die spezifische Substraterkennung der Proteasen wie auch die Modifikation des Substratspektrums in Abhängigkeit von äusseren Bedingungen ist bei Prokaryoten noch weniger bekannt als bei Eukaryoten, bei welchen spezifische E3 Ubiquitin-Ligasen verschiedene Substrate ubiquitinieren und einer zentralen cytoplasmatischen Protease, dem 26S Proteasom, zuführen (Hershko & Ciechanover, 1986, Tasaki *et al.*, 2005). Die prokaryotische Proteolyse ist dezentraler. Es gibt mehrere Proteasefamilien und die Substratspezifizierung findet auf verschiedenen Ebenen statt, auch durch die Protease selbst. In vielen Fällen sind spezifische Adaptorproteine nötig, die den Signalinput bilden, indem sie zum Beispiel durch Phosphorylierung aktiviert werden, an das Substrat binden und es der Protease zuführen (Dougan *et al.*, 2002).

Im Falle von ClpP war es möglich, auf Substratebene N- und C-terminale Sequenzen zu definieren, die für die Erkennung relevant sind. Die sogenannte N-End-Regel bezeichnet den Befund, dass Proteine mit bestimmten N-terminalen Aminosäuren instabil sind (Varshavsky, 1996). In *Escherichia coli* sind primär destabilisierende N-terminale Aminosäuren Leucin, Tyrosin, Tryptophan und Phenylalanin. Die Aminosäurereste Arginin und Lysin sind N-terminal sekundär destabilisierend, indem sie die Leucyl/Phenylalanyl-tRNA-Transferasen rekrutieren, welche Phenylalanin oder Leucin an den N-Terminus konjugieren (Tobias *et al.*, 1991) Die destabilisierenden Aminosäurereste werden von ClpS erkannt, welches Strukturhomologie zu N-Recognin aufweist, welches in Eukaryoten zuständig ist für die Erkennung der N-terminal destabilisierenden Aminosäurereste (Erbse *et al.*, 2006). ClpS führt die so markierten Proteine der ClpAP Protease zu. Durch Bindung von ClpS an ClpAP wird also dessen Spezifität weg von ssrA-markierten Substraten (siehe unten) hin zu N-End-Regel Substraten dirigiert.

Auch C-terminal hat man für ClpXP und ClpAP Erkennungssignale definieren können, dazu gehören das ssrA- und das MuA-ähnliche Degradierungssignal. In *Escherichia coli* gibt es einen kotranslationalen Markierungsmechanismus, der einsetzt, wenn die Translation blockiert ist. Er dient der Befreiung der blockierten Ribosomen, der Degradierung fehlerhafter mRNA und der Beseitigung unvollständiger Polypeptide (zur Übersicht: (Dulebohn *et al.*, 2007)). An die unvollständigen Proteine wird ein 11 Aminosäuren langes Degradierungssignal gehangen mithilfe der tmRNA oder SsrA, einer sRNA, welche gleichzeitig als tRNA und als ORF-kodierende RNA fungiert (Tu *et al.*, 1995). Diese ssrA-Markierung führt die Proteine dem Abbau durch die ClpXP Protease zu. auch ClpAP, FtsH, Tsp (eine periplasmatische Peptidase) und Lon können offensichtlich zu einem gewissen Teil ssrA-markierte Proteine abbauen (Keiler *et al.*, 1996, Gottesman et al., 1998, Herman *et al.*, 1998, Choy *et al.*, 2007), wobei zumindest ClpAP und ClpXP jeweils unterschiedliche Aminosäurereste innerhalb der Markierung erkennen (Flynn *et al.*, 2001, Levchenko *et al.*, 2003). *In vivo* überwiegt jedoch der Abbau durch ClpXP, was im Falle von Tsp und FtsH auf die schwierig zugängliche Lokalisation im Periplasma und an der Membran zurückgeführt werden kann. Im Falle der beiden Clp Proteasen wurde SspB bei der Degradierung ssrA-markierter Proteine als Spezifitäts-Modulator entdeckt. SspB bindet an das Degradierungssignal, dabei die Aminosäurereste abschirmend, die vor allem durch ClpA erkannt werden (Flynn *et al.*, 2001), und führt die so markierten und gebundenen Proteine der ClpXP Protease zu (Levchenko *et al.*, 2000). SspB verstärkt so also den ClpXP-abhängigen Abbau gegenüber dem ClpAP-abhängigen. Der Mechanismus dieser Markierung kann jedoch auch sehr elegant zur Regulation von Genexpression eingesetzt werden, wie im Falle des LacI-Repressors. Dessen eigene Translation wird gestört durch einen durch den Repressor selbst gebildeten RNA-Loop-Komplex, was bewirkt, dass die unvollständige Peptidkette durch SsrA markiert und daraufhin abgebaut wird (Abo *et al.*, 2000). Das Replikationsprotein MuA des Bakteriophagen Mu wird von ClpXP abgebaut und an den letzten acht C-terminalen Aminosäuren von der Protease erkannt (Levchenko *et al.*, 1995). Beide C-terminalen Abbaumotive - ssrA und MuA - sind in einigen identifizierten Substraten intrinsisch vorhanden. Im globalen Ansatz mit der oben bereits beschriebenen ClpP^{trap} wurden die "eingefangenen" Substrate nach N- und C-terminalen Sequenzvergleichen und *in vitro* Abbauexperimente mit GFP, fusioniert zu diesen Enden, zu fünf Gruppen von Erkennungsmotiven geordnet, zwei C-terminale, welche ssrA- oder MuA-ähnlich sind und drei N-terminalen, bei welchen zumindest das N-Motiv 2 sehr gut mit der N-End-Regel übereinstimmt (Flynn et al., 2003).

Es sind verschiedene Fälle bekannt, bei welchen die gleichen Sequenzen von verschiedenen Proteasen bzw. Erkennungsfaktoren erkannt werden. Das stimmt mit der Tatsache überein, dass es viele Substrate gibt, die von mehreren Proteasen erkannt und abgebaut werden können.

Allein ein Sequenzmotiv ist nicht immer ausreichend für die Substraterkennung durch die Protease. In manchen Fällen werden zusätzliche Komponenten - Adaptoren - benötigt, die spezifisch an die Substrate binden und sie so der Protease präsentieren (Pratt & Silhavy, 1996). Ein gut dokumentiertes Beispiel ist die Erkennung von σ^S und dessen Abbau durch ClpXP (Schweder et al., 1996) vermittelt durch den Response Regulator RssB (Pratt & Silhavy, 1996, Muffler et al., 1996a). Hier bindet zunächst RssB an σ^S, um es der Protease zum Abbau zuzuführen, wobei RssB selbst nicht abgebaut wird (Becker *et al.*, 1999, Bouche *et al.*, 1998, Klauck *et al.*, 2001, Zhou *et al.*, 2001). Durch die Bindung von RssB an σ^S wird im Sigmafaktor eine Konformationsänderung ausgelöst, die eine kryptische ClpX-Bindestelle exponiert (Studemann *et al.*, 2003).

An das Substrat bindende Proteine können die Erkennung beeinflussen. Ein Beispiel ist UmuD, eine Untereinheit der fehlerhaft replizierenden DNA Polymerase der SOS Antwort, welche instabil (degradiert von Lon) und inaktiv ist, solange sie nicht zu UmuD` prozessiert wird. Interessanterweise präsentiert UmuD in der heterodimeren Form mit UmuD` dieses der ClpXP Protease (Gonzalez *et al.*, 2000). Das dafür benötigte Signal befindet sich bei UmuD, welches selbst nicht durch ClpXP abgebaut wird, also genau wie ein Adaptorprotein funktioniert. Diese in allen Bedingungen ausser solchen, in welchen extreme DNA Schäden auftreten, für die Zelle schädliche DNA Polymerase wird auf diese Weise stringent reguliert.

Für die Lon Protease sind die Erkennungsmotive weniger bekannt als für die Clp Proteasen. Es wurden zwar in den bekannten spezifischen Substraten von Lon - SulA, UmuD, SoxS, MarA - Aminosäurereste identifiziert, die notwendig sind für deren Abbau (Gonzalez *et al.*, 1998, Griffith *et* al., 2004, Nishii et al., 2002), daraus konnte jedoch bisher kein Sequenzmotiv abgeleitet werden. Momentan geht man davon aus, dass die Gemeinsamkeit von Lon Substraten ihre nicht-globuläre Form ist und Lon exponierte hydrophobe Oberflächen erkennt, die normalerweise innerhalb des Proteines versteckt sind; (Van Melderen et al., 1996, Jubete et al., 1996). Solche Erkennungsmotive können mitunter auch durch Bindung an einen protektiven Partner versteckt werden. So bindet StpA an H-NS und wird auf diese Weise vor dem Abbau durch Lon geschützt (Johansson & Uhlin, 1999, Johansson et al., 2001).

2.1.4.3 Signaltransduktion in die Proteolyse-vermittelte Genregulation

Die Regulation der Konzentration eines zentralen Regulators durch Proteolyse ermöglicht vor allem eine schnelle und gezielte Reaktion in Notfällen wie plötzlich eintretende Stressbedingungen. Die Inhibierung einer kontinuierlichen Degradation eines kontinuierlich synthetisierten Regulators, wie bei σ^S, kann die Konzentration desselben innerhalb von Sekunden hochschnellen lassen, während die Neusynthese deutlich langsamer ist. Auch im Falle der Notwendigkeit, einen Regulator nach Ausbleiben eines induzierenden Stresses schnell wieder zu entfernen, ist die Proteolyse wichtig (Jenal & Hengge-Aronis, 2003). Dies kann erreicht werden, indem ein Regulator konstitutiv abgebaut wird, damit das schnelle Abschalten gewährleistet ist, während der zelluläre Gehalt durch andere Mechanismen - Transkription, Translation - determiniert wird. Ein Beispiel dafür ist der konstitutive Abbau von SoxS, einem Response Regulator der oxidativen Stressantwort, oder MarA, mit hoher Homologie und überlappendem Regulon mit SoxS, durch die Lon Protease (Griffith et al., 2004). Allerdings kann der Abbau eines Regulators, der unter bestimmten Umständen stabil ist, auch ausgelöst werden durch eine Veränderung der Bedingungen, in welchen er nicht mehr gebraucht wird, z.B. bei Eintritt in eine andere Wachstumsphase. Nach Nährstoffzugabe zu hungernden, nicht wachsenden Zellen, also in der lag Phase, entledigt sich die Zelle so zum Beispiel schnell von Dps, einem DNA-protektiven, Nukleoid-assoziierten Protein, durch die ClpXP Protease (Weichart et al., 2003). Dieses akkumuliert durch vermehrte Synthese und Stabilisierung in grosser Menge in der stationären Phase und kann effektiv nur beseitigt werden, indem es degradiert wird, da eine Ausdünnung durch Zellteilung in der lag Phase sehr eingeschränkt ist (Stephani et al., 2003, Flynn et al., 2003).

Aktivität oder zelluläre Konzentration der Proteasen, Modifikation der Substrate, Synthese, Modifikation oder Aktivität von zusätzlichen Erkennungsfaktoren und Kofaktoren können Ansatzpunkte für die Integration extra- und intrazellulärer Signale sein. Die Kontrolle auf Ebene der Synthese oder Aktivität der Protease ist wahrscheinlich für regulatorische Mechanismen unwesentlich, da dadurch gleichzeitig ein grosses Spektrum an Substraten beeinflusst würde. Es ist allerdings eine differenzielle Transkription von *clpXP* bzw. Prozessierung der *clpXP* mRNA bekannt, welche bewirkt, dass sich das Gleichgewicht von ClpXP in der exponentiellen Phase zu ClpAP in der Stationärphase verschiebt (Li *et al.*, 2000). Das *lon* Gen gehört zum Hitzeschockregulon und wird daher dementsprechend induziert (Phillips *et al.*, 1984).

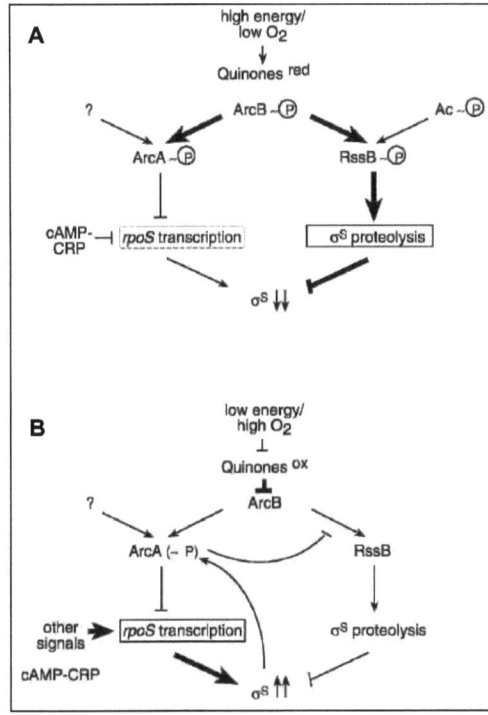

Abbildung 2.6: Modell der Funktion des ArcB/ArcA/RssB Drei Komponenten Systemes bei der Kontrolle des zellulären σ^S Gehaltes unter zwei Bedingungen: **A** hohe Energieversorgung und/oder niedriger Sauerstoffgehalt, **B** niedrige Energieversorgung und hoher Sauerstoffgehalt. Erläuterungen im Text. Aus: (Mika & Hengge, 2005).

Die Proteolyse des Stress-Sigmafaktors σ^S ist mittlerweile sehr gut dokumentiert und zeigt beispielhaft einen Mechanismus der Signalintegration in die regulatorisch wirksame Proteolyse. Der Response Regulator RssB, welcher im phosphorylierten Zustand σ^S bindet und der ClpXP Protease zum Abbau zuführt, wird u.a. von der Sensorkinase ArcB phosphoryliert (Mika & Hengge, 2005). ArcB ist sensitiv für den Redoxzustand der Quinone der Atmungskette in der Membran (Georgellis *et al.*, 2001). Dieser ist abhängig vom Sauerstoffgehalt im Medium, da die Elektronen, die nicht auf O_2 übertragen werden können, die Quinone reduzieren. Das heisst, bei niedrigem Sauerstoffpartialdruck, aber einem hohen Energiezustand der Zelle, sind die Quinone reduziert und ArcB autophosphoryliert sich. In diesem Zustand wird der σ^S-Spiegel niedrig gehalten durch zwei Effekte. Zum einen durch die RssB-P vermittelte Proteolyse, zum anderen phosphoryliert ArcB-P auch den Response Regulator ArcA, welcher ein Inhibitor bzw. Anti-Aktivator zu cAMP-CRP der *rpoS* Transkription ist (Mika & Hengge, 2005). Bei hohem Sauerstoffgehalt, jedoch sinkender Energie wie zum Beispiel beim Eintritt in die stationäre Phase in aeroben Kulturen, wird ArcB dephosphoryliert und der σ^S Spiegel steigt durch verminderte Transkriptionsinhibition bzw. Proteolyse. σ^S induziert daraufhin die Synthese von ArcA (Mika & Hengge, 2005), welches wiederum die Proteolyse inhibiert, wahrscheinlich, indem es mit RssB um die verbleibende Phosphorylierungskapazität durch ArcB konkurriert, denn ArcA wird 10x schneller von ArcB phophoryliert als RssB (Mika & Hengge, 2005). Da RssB-P der limitierende Faktor der σ^S-Proteolyse ist (Pruteanu & Hengge-Aronis, 2002), wird diese dadurch direkt und schnell inhibiert. An diesem Beispiel, zu welchem noch weitere hier nicht beschriebene Elemente gehören, kann man die Komplexität sehen, mit welcher die Proteolyse in die Regulation eingreift. In den meisten Fällen sind diese Mechanismen noch nicht annähernd aufgeklärt. Zur weiteren Erforschung bedarf es in erster Linie dem Auffinden weiterer spezifischer Substrate und dann des detaillierte Studiums der Mechanismen im Zusammenhang mit den anderen Regulationsmechanismen eines Netzwerkes.

2.2 Säurestress und das Säureresistenz-System von *Escherichia coli*

Escherichia coli als neutralophiles Bakterium hat eine bemerkenswert weite Spanne von pH 4,4 bis 9,2, innerhalb derer es nicht nur überlebt, sondern auch zum Wachstum befähigt ist (Zilberstein et al., 1984). Säugetiere setzen im Magen durch extreme pH-Werte zwischen 1,5 und 2,5 eine unspezifische, chemische Barriere gegen die Besiedlung ihres Darmtraktes durch Bakterien. Die Magenpassage bedeutet für pathogene sowie kommensale Bakterien, deren Infektionsort bzw. Habitat der Darm ist, eine immense Herausforderung (Smith, 2003). Manche Bakterien, wie zum Beispiel *Vibrio cholerae*, sind weniger gewappnet und benötigen daher eine hohe Infektionsdosis, um das Überleben einiger Zellen und damit die Invasion der Darmepithelzellen zu gewährleisten. Andere Bakterien sind aktiver und entwickeln eine Vielzahl von Abwehrstrategien, um mit diesem niedrigen pH umzugehen. *Escherichia coli* steht beim Überleben in extrem niedrigen pH-Werten selbst acidophilen Bakterien wie *Helicobacter pylori*, welches im Magen lebt, nicht sehr nach. Es kann bei pH 2 für mehrere Stunden überleben. Bei niedrigen, aber nicht bedrohlichen pH-Werten (pH 4,5 - 5,5) im Medium adaptiert *E. coli* an extremen Säurestress (pH < 3), indem es spezifische Gene hochreguliert und abwehrende Enzyme synthetisiert. *E. coli* Bakterien, die bei diesen moderaten pH-Werten gewachsen sind, überleben darauf folgenden extremen pH-Stress sehr viel besser als Bakterien, die vorher in neutralem Medium waren (Small *et al.*, 1994, Lin *et al.*, 1995). Genauso sind Stationärphasenzellen bereits auf Säurestress vorbereitet, ein Prozess der σ^S-abhängig und CRP-, Glucose-reprimiert ist (Lange *et al.*, 1993, Castanie-Cornet *et al.*, 1999).

Die Säurestressantwort ist relevant für enteropathogene Keime aus verschiedenen Aspekten. Die bei *Escherichia coli* Stämmen untersuchten Strategien zur Säureresistenz sind bei pathogenen Enterobakterien hoch konserviert, denn eine effektive Abwehr der Magensäure bedeutet geringere Infektionsdosis. Darüberhinaus interessant sind bisher noch vereinzelte Hinweise darauf, dass

Bakterien den extremen pH-Wert des Magens als Signal zur Lokalisation und dementsprechend zeitlich abgestimmter Expression ihrer Virulenzgene, welche im Darm benötigt werden, nutzen können. So nutzen zum Beispiel enteropathogene *E. coli* Stämme (EPEC), Haupterreger der Diarrhoe bei Kindern in Entwicklungsländern, diesen Mechanismus. Bei diesem wird der Regulator Per der chromosomalen Pathogenitätsinsel LEE vom säureinduzierten Regulator GadX kontrolliert, wodurch die zeitlich abgestimmte Induktion der Virulenzgene ausgelöst wird (Shin et al., 2001).

2.2.1 Die Biochemie des Säurestresses

Säure definiert sich als Anzahl der Protonen im Medium und der pH ist der negative dekadische Logarithmus der H_3O^+ Konzentration. Für *Escherichia coli* gilt ein pH von 4 bis 6 als moderat und ein pH unter 3 als extrem. Physiologisch gesehen machen gleiche pH-Werte jedoch einen grossen Unterschied je nach Vorhandensein und Art anderer geladener Moleküle. So ist vor allem das Vorhandensein kurzer Fettsäuren wie Acetat, Propionat, Butyrat, welche zum Beispiel bei der Fermentation im Dünndarm auftreten von Bedeutung, da sie bereits im moderat sauren Milieu protoniert, also ladungsneutral vorliegen können (pK_a zwischen 3 und 6) und so leicht die Cytoplasmamembran permeieren können. Im neutralen Cytoplasma setzen sie wieder ein Proton frei, dabei den pH in der Zelle absenkend. Da die Carbohydrate im Luria Broth Medium - v.a. Trehalose und Glykogen - zu solchen kurzen Fettsäuren als Intermediäre verstoffwechselt werden (Kessler & Friedman, 1998, Lin et al., 1995), ist in diesem Medium bereits moderater Säurestress für die Zellen schwerer zu beheben als in Minimalmedium. Genauso ist der extreme pH im Magen unter Umständen besser zu tolerieren als der moderate im Dünndarm in Anwesenheit der kurzkettigen Fettsäuren.

Das Problem einer hohen Protonen-Konzentration im Medium erwächst aus mehreren Effekten. Der Protonengradient über die Cytoplasmamembran steigt stark an, wenn die Konzentration ausserhalb der Membran hoch und innerhalb neutral gehalten wird. Die hohe Protone Motive Force (PMF) hat zur Folge, dass Protonen in verstärktem Masse in die Zelle eindringen und es viel grösserer Energie durch die Zelle bedarf, sie mithilfe zum Beispiel der F_0/F_1-ATPase hinaus zu pumpen (Richard & Foster, 2004). Diverse Bestandteile des Cytoplasmas, des Periplasmas und der Membranen können durch massive Protonierung beschädigt werden und ihre Funktion verlieren. Ausserdem werden chemische Stoffwechselreaktionen - DNA Transkription, Proteinbiosynthese, enzymatische Aktivitäten etc. - in der Zelle gestört (Madshus, 1988).

Wie die Perzeption des Säuresignales stattfindet, ist bisher nicht geklärt, jedenfalls wenn hypothetisch von einem einfachen Signaleingang ausgegangen wird, zum Beispiel in Form einer membranständigen Histidinkinase, die erhöhte Protonen-Konzentrationen wahrnimmt. Da jedoch bereits mehrere Zwei-Komponenten Systeme als in der Säurestressantwort involviert identifiziert wurden (s.u.), von denen die Signale, die sie perzipieren nicht immer bekannt sind - RcsBC, EvgAS - ist es nicht ausgeschlossen, dass es auch einen solchen Signaleingang gibt. Auf der anderen Seite wurden vielerlei Loci gefunden, die auf höhere Protonen-Konzentrationen reagieren. So wurde festgestellt, dass die cAMP-Konzentration absinkt infolge niedrigen pHs. Dies bewirkt eine Derepression des *rpoS* Genes und dadurch eine Aktivierung der σ^S-abhängigen säureinduzierten Gene (Ma *et al.*, 2003b). Einige Enzyme und Chaperone der Säureresistenzantwort werden erst bei niedrigem pH aktiv. So wurde beobachtet, dass die säureinduzierten, periplasmatischen Chaperone HdeA und HdeB im neutralen Milieu in einer geordneten dimeren Konfiguration vorliegen, während sie bei pH-Werten unter 3 bzw. unter 2 ihre Konformation derart verändern, dass sie als Monomere hydrophobe Oberflächen ausbilden, an welche denaturierte Proteine binden und daraufhin in ihrer Rückfaltung unterstützt werden können (Hong *et al.*, 2005, Kern *et al.*, 2007). Auch die Aktivität der Glutamat-Decarboxylasen GadA und GadB (Haupteffektoren der Säurestressantwort) ist abhängig von H^+ Ionen. Durch Aufnahme von 4-6 Protonen ändern die beiden Isozyme ihre Konformation zu einem aktiven Zustand und GadB assoziiert mit der Membran (Tramonti *et al.*, 2002a, O'Leary *et al.*, 1994, Capitani *et al.*, 2003b).

2.2.2 Säureresistenz-Strategien von *Escherichia coli*

Escherichia coli verläßt sich nicht auf einzelne Lösungen, um dem Problem durch stark saures Medium zu begegnen, sondern hat vielmehr auf allen Ebenen Strategien entwickelt, um Schäden zu verhindern oder auszugleichen.

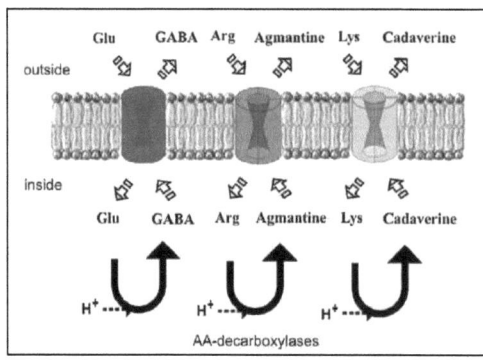

Abbildung 2.7: Die drei Aminosäure-Decarboxylase-Systeme von *E. coli* zur Säurestressabwehr. Induziert durch niedrigen pH und der Pufferung des internen pHs dienend. Aus: (Prosseda *et al.*, 2007).

Zum Überleben bei extrem niedrigem pH braucht *E. coli* mindestens eine der drei decarboxylierbaren Aminosäuren: Glutamat, Arginin oder Lysin (Bearson *et al.*, 1997, Lin et al., 1995). Das Glutamat-abhängige Decarboxylase-System ist dabei das prominenteste, weil es das effektivste der drei ist (Iyer *et al.*, 2002). In Abbildung 2.7 sieht man wie Glutamat in der Zelle durch die Pyridoxal Phosphatabhängigen Decarboxylasen GadA und GadB zu γ-Aminobuttersäure (GABA) umgesetzt wird unter Protonen-Verbrauch und CO_2-Produktion. GABA wird durch den Antiporter GadC mit Glutamat aus dem Medium ausgetauscht (Smith et al., 1992, Hersh et al., 1996). Genauso wird Arginin von der Arginin-Decarboxylase AdiA zu Agmatine umgesetzt und durch den AdiC Antiporter über die Membran ausgetauscht (Iyer et al., 2002, Stim & Bennett, 1993) und Lysin von CadA zu Cadaverin und von CadB ins Medium transportiert (Park et al., 1996). Diese drei Systeme werden auch Säureresistenzsystem 2 bis 3 genannt (AR2-3). Als Säureresistenzsystem 1 (AR1) wird das Stationärphasen-induzierte, CRP-, Glucose reprimierte, σ^S-abhängige System bezeichnet (Castanie-Cornet et al., 1999). Das Lysin-abhängige System (AR3) ist das am wenigsten wirksame. Interessanterweise ist es bei allen enteroinvasiven E. coli (EIEC) und Shigella Stämmen still gelegt, um die Produktion von Cadaverin zu verhindern, welches die Adhäsion an die Darmepithelzellen inhibiert (Prosseda et al., 2007).

Wie genau die Decarboxylierungs-Systeme zum Überleben beitragen, wird diskutiert. Die Decarboxylierungs-Reaktion der Aminosäuren in der Zelle hat wahrscheinlich zwei wichtige Folgen, nämlich einmal das Anheben des internen pHs und zum anderen die Umkehrung des elektrischen Membranpotentiales $\Delta\Psi$. Der interne pH bei externem pH 2,5 beträgt bei Vorhandensein aktiver Glutamat-Decarboxylasen und Glutamat 4,2 ± 0,1. Ohne Glutamat im Medium sinkt der interne pH auf 3,5 (Richard & Foster, 2004). Dieses System sorgt also für ein Anheben des pHs, allerdings auf ein nur moderates, jedoch offensichtlich tolerierbares Niveau für E. coli. Dieser interne pH entspricht auch in etwa dem pH-Aktivitätsoptimum der Glutamat-Decarboxylasen (Capitani et al., 2003a). Die Arginin-Decarboxylase verhält sich hierzu kongruent, jedoch liegt ihr pH-Optimum und entsprechend der interne pH etwas höher, bei etwa 4,7. Es stellt sich bei konstant niedrigem pH also ein Gleichgewicht zwischen Decarboxylierungs-Reaktion und Protonenflux ein (Capitani et al., 2003a). Das elektrische Transmembranpotential $\Delta\Psi$, welches im neutralen Medium negativ ist (positive Ladung aussen, negative innen), wird im pH 2,5 Medium positiv (Matin, 1999). Durch diese Strategie, welche auch von acidophilen Bakterien angewandt wird, kann E. coli einen überhöhten Protonengradienten, damit die Proton Motive Force (PMF) abschwächen ($\Delta\Psi+\Delta pH=PMF$). Auf diese Art und Weise kann das massive Eindringen von Protonen verringert werden, sowie der energetische Aufwand, Protonen hinauszupumpen. Der ClC Proton-Chlorid-Austauschkanal (Accardi & Miller, 2004) und die F_0/F_1 Protonen-pumpende ATPase spielen dabei eine bisher noch nicht geklärte Rolle (Richard & Foster, 2004).

Zur Säurestressabwehr findet ausserdem eine massive Veränderung der Zellhülle statt. So vermehrt sich der Gehalt an Cyclopropan-Fettsäuren. Diese postsynthetische Modifikation der Phospholipid-Doppelschicht wird bei Eintritt in die stationäre Phase und bei Säureanpassung in der exponentiellen Phase durch die CFA Synthase katalysiert, welche σ^S-abhängig exprimiert wird. Diese Modifikation trägt entscheidend zum Überleben bei extremen pH-Werten bei (Chang & Cronan, 1999). Auch

Membranproteine wie Slp und OmpC werden säureinduziert und verändern dadurch die Permeabilität der Membran (Alexander & St John, 1994, Thanassi et al., 1997). Desweiteren wird der *wca* Lokus, welcher für Exopolysaccharid-Synthese kodiert, durch Säure reguliert und Verlust dieser Exopolysaccharide bewirkt höhere Sensitivität gegenüber Säure (Mao et al., 2001).

Auch das DNA Schutzprotein Dps ist säureabhängig aktivierbar und wohl auch induzierbar (da σ^S-abhängig) und schützt die DNA vor übermäßiger Protonierung (Choi et al., 2000).

Vor allem unter anaeroben Bedingungen wird der Metabolismus durch sauren pH stark modifiziert in Richtung alternativer Stoffwechselwege, bei welchen weniger Säuren produziert werden bzw. statt neutralen Kohlenstoffquellen, eher saure katabolisiert werden (Yohannes et al., 2004, Hayes et al., 2006).

2.2.3 Regulatorisches Netzwerk des Glutamat-abhängigen Säureresistenzsystemes

Das regulatorische Netzwerk des Glutamat-abhängigen Säureresistenzsystemes ist äusserst komplex, bedingt durch die Notwendigkeit, vielerlei Signale aus unterschiedlichen Umweltbedingungen und Stress-Situationen zu integrieren. So spielen der Sauerstoffstatus, die Wachstumsphase und die Medienzusammensetzung eine Rolle, sowie weitere Stressbedingungen wie oxidativer Stress, Osmostress oder Hitzeschock, welche unter natürlichen Bedingungen durchaus mit Säurestress zusammentreffen können. Folglich müssen viele unterschiedliche Signale die Expression der *gad/hde* Gene auf angemessene Art modifizieren können. Tabelle 2.1 ist eine möglichst vollständige Liste aller als in der Kontrolle der *gad/hde* Gene bisher beschriebenen involvierten Regulatoren. Die weiteren Ausführungen sind jedoch beschränkt auf die direkten und für die in dieser Arbeit untersuchten Bedingungen als wesentlich anzusehenden Regulatoren (zur Übersicht: (Foster, 2004)).

Die Gene *gadA* und *gadB*, kodierend für die hoch homologen Glutamat-Decarboxylasen, sind trotz ihrer beinahe identischen Sequenzen erstaunlich weit voneinander entfernt auf dem Chromosom lokalisiert, wobei *gadB* in einem Operon mit *gadC* (bei 33,8 min), kodierend für den Antiporter, liegt und *gadA* inmitten der sogenannten Säure-Fitness Insel (Abbildung 2.8) (~78,8 min). Das Gen *gadA*

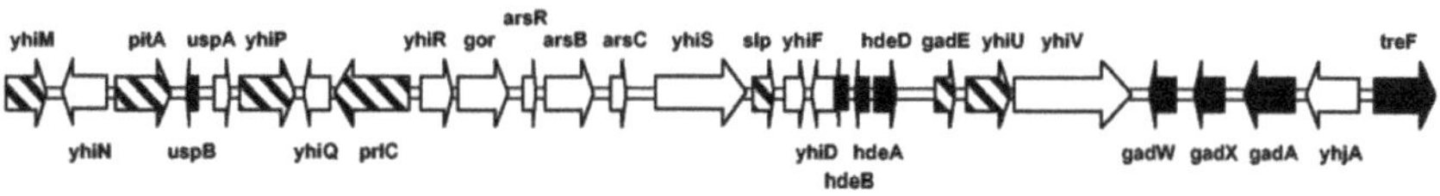

Abbildung 2.8: Darstellung der Gene der Säure-Fitness Insel bei ~78,8 min. Aus: (Weber, 2007).

liegt stromaufwärts von *gadX*, kodierend für einen AraC-ähnlichen Regulator, beide werden zum Teil kotranskribiert, *gadX* weist jedoch auch einen eigenen Promotor auf und kann unabhängig von *gadA* exprimiert werden. Stromabwärts von *gadX* liegt *gadW*, kodierend für einen weiteren AraC-ähnlichen Regulator, und dazwischen die kürzlich entdeckte kleine Antisense-RNA *gadY*, zum Teil überlappend mit dem 3` transkribierten, jedoch nicht translatierten Bereich von *gadX*. Diese sRNA, welche σ^S-abhängig exprimiert wird, stabilisiert vermutlich die *gadX* mRNA durch Basenpaarung an die homologen Bereiche (Opdyke et al., 2004). Im Promotorbereich von *gadA* bindet H-NS und reprimiert stark die Transkription (Giangrossi et al., 2005, Ma *et al.*, 2002, Tramonti *et al.*, 2002b). Vor *gadA* und *gadB* wurden GadX- und GadW-Bindestellen mittels Footprints ermittelt (Tramonti et al., 2006, Hommais *et al.*, 2004, Ma *et al.*, 2003a) und eine GAD-Box, als GadE-Bindestelle prognostiziert, (Hommais *et al.*, 2004) sowie eine CRP-Box gefunden (Castanie-Cornet & Foster, 2001), beide überlappend im typischen Klasse I Aktivierungsabstand zum Transkriptionsstartpunkt gefunden.

Alle Kerngene der Glutamat-abhängigen Säurestressantwort - *gadA, BC, X, W, hdeA, B, D* - zeigen σ^S-abhängige Induktion und das nicht nur bei pH 5, sondern auch bei osmotischem Stress und bei Eintritt in die stationäre Phase (Weber et al., 2005). Die Regulatoren GadX, GadW und GadE werden vor allem in der stationären Phase σ^S-abhängig transkribiert, in anderen Situationen jedoch, wie permanentem Wachstum bei pH 5 und auch Shift von pH 7 zu pH 5, spielt offensichtlich auch σ^{70} eine Rolle (Weber et al., 2005). Der ermittelte *gadX* Promotor weist zwei alternative -10 Regionen auf, von denen eine dem σ^S-Konsensus gleicht, die andere mehr einem σ^{70}-abhängigen Promotor (Tramonti *et al.*, 2002b).

Der Regulator GadE aus der LuxR-Familie ist der zentrale und essentielle Aktivator der *gad/hde* Gene. GadE bildet die Integrationsschnittstelle mehrerer Regulationskaskaden. Dementsprechend hat *gadE* einen sehr großen Operator, nämlich etwa 780 Nukleotide stromaufwärts des Translationsstartpunktes (Sayed *et al.*, 2007). Gezeigt wurde bisher, dass daran direkt die Regulatoren GadX, GadW, YdeO, EvgA und GadE selbst binden (Sayed et al., 2007, Ma *et al.*, 2004). Es wurden drei Promotoren gefunden, von denen möglicherweise in unterschiedlichen Situationen transkribiert wird. Einer, bei -92 relativ zum Translationsstart, ist offensichtlich stark reprimiert durch H-NS, denn

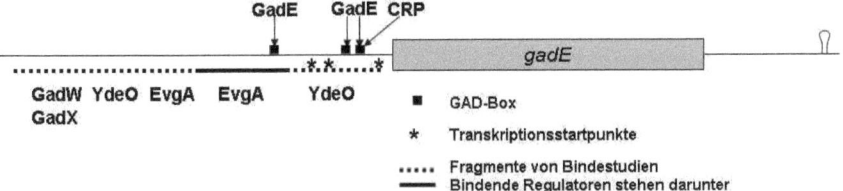

Abbildung 2.9: Schemaskizze des *gadE* Promotors mit gesamten bekannten regulatorischen Bereich und Regulatoren, die daran binden.

man findet nur im *hns* Hintergrund ein Transkript (Hommais *et al.*, 2004). Ein anderer, bei -21, ist vermutlich für die Transkription zumindest bei ständigem Wachstum bei niedrigem pH verantwortlich, denn er ist bisher nur in dieser Situation gefunden worden (Ma *et al.*, 2004). Ein weiterer bei -125 wird gefunden bei Shift zu niedrigem pH und Stationärphaseneintritt (Hommais et al., 2004, Weber et al., 2005).

Die aktivatorische Rolle des Zwei-Komponenten System EvgA/S und des AraC-ähnlichen Regulator YdeO wurde in Überexpressionsstudien gezeigt (Ma *et al.*, 2004). Der Response Regulator EvgA aktiviert dabei direkt und indirekt über YdeO die *gadE* Expression und bildet somit einen Feed Forward Loop. Man nimmt an, dass dieser regulatorische Input vor allem bei ständigem Wachstum bei niedrigem pH wichtig ist (Ma et al., 2004, Masuda & Church, 2002, Masuda & Church, 2003).

GadX ist der Regulator, welcher die σ^S-Abhängigkeit des Systemes vermittelt (Weber et al., 2005). GadW, ein weiterer σ^S-abhängiger Regulator, der aktivatorische und repressorische Wirkung zeigt, kann mit GadX Heterodimere bilden, reprimiert jedoch auch die Transkription von *gadX* (Ma *et al.*, 2002). GadW wurde auch als Repressor von σ^S beschreiben (Ma et al., 2003b). Der genaue Wirkort ist für beide Regulatoren umstritten, denn die Befunde der verschiedenen Forschungsgruppen, die sich mit dem Thema beschäftigen, sind widersprüchlich und schwer zu deuten. So zeigen beide Regulatoren teilweise repressorische Wirkung auf die Zielgene *gadA* und *gadB*, teilweise aktivatorische. Beide Regulatoren sind AraC-ähnlich, das heisst, dass sie wahrscheinlich ein weiteres Signal für ihre Aktivierung empfangen. Kürzlich wurde entdeckt, dass Na^+ Ionen von GadX wahrgenommen werden und dadurch die Expression von *gadA/BC* stimulieren (Richard & Foster, 2007). GadX und GadW haben auf die *gadE* Transkription additiven Effekt, das heisst, dass bei Deletion beider Regulatoren die Aktivität des *gadE* Promotors weit unter der ist, die bei Deletion nur eines der beiden erreicht wird (Sayed *et al.*, 2007). Neuere Erkenntnisse legen nun nahe, dass beide Regulatoren lediglich die *gadE* Transkription direkt kontrollieren und auf *gadA/BC* nur indirekt über GadE wirken (Sayed *et al.*, 2007). Diese Erkenntnisse stehen im Widerspruch zu den Analysen verschiedener Forschungsgruppen, bei welchen Bindestellen von GadX und GadW an die *gadA* und *gadB* Promotoren nachgewiesen wurden (Ma et al., 2002, Tramonti et al., 2002b, Tramonti et al., 2006) und haben die Mängel, dass die GadX-Abhängigkeit in *gadE* Hintergrund überprüft wurde, was nicht möglich ist, da GadE essentiell ist für die Expression der *gad/hde* Gene. Über die Struktur des Netzwerkes herrscht in diesem Punkt also weiterhin Unklarheit.

Tabelle 2.1 (nächste Seite): Liste der wichtigsten Regulatoren in der Kontrolle des Glutamat-abhängigen Säureresistenz-Systemes.

Regulator	Beschreibung	Funktion	Referenz
σ^S	Sigmafaktor der generellen Stressantwort	Transkription von *gadX* Aktivator von *gadABCEXW*	(De Biase et al., 1999) (Ma et al., 2002) (Weber et al., 2005)
EvgA/S	Zwei-Komponenten System	Aktivierung von *ydeO* und *gadE*	(Masuda & Church, 2002) (Ma et al., 2004)
YdeO	AraC-ähnlicher Regulator	Aktivierung von *gadE*	(Masuda & Church, 2002)
GadE	LuxR-verwandter Regulator	Essentieller zentraler Aktivator von *gadA/BC*, Autoaktivierung, Repression von *ydeO*	(Ma et al., 2003)
GadX	AraC-ähnlicher Regulator	Aktivator von *gadE*, *gadA/BC*, Repressor von *gadW*.	(Tucker et al., 2003, Tramonti et al., 2002b, Shin et al., 2001) (Weber et al., 2005)
GadW	AraC-ähnlicher Regulator	Inhibiert σ^S Synthese, Aktivator von *gadE*, Regulation von *gadA/BC*, Repressor von *gadX*	(Ma et al., 2002)
CRP	cAMP Regulator Protein	cAMP-CRP reprimiert *rpoS* Transkription cAMP sinkt bei pH↓ ab	(Lange et al., 1993) (Ma et al., 2002)
H-NS	Histon-ähnliches Protein	Globaler Repressor. Reprimiert direkt σ^S. Bindet an *gadA*, *hdeABD* Promotoren.	(De Biase et al., 1999) (Ma et al., 2002) (Giangrossi et al., 2005)
GadY	Kleine RNA	Aktivator von *gadX*	(Opdyke et al., 2004)
DsrA	Kleine RNA	Überexprimiert induziert es die *gad/hde* Gene.	(Lease et al., 2004, Lease et al., 1998)
YhiF	Regulator der LuxR Familie	Kontert die Bedrohung durch kurzkettige Fettsäuren	(Mates et al., 2007)
TrmE	Era-ähnliche GTPase	Aktiviert *gadE* mRNA Produktion, stimuliert Translation von *gadA* und *gadB*	(Cabedo et al., 1999)
TorR	Response Regulator zu TorS	Negativer Regulator von *gadE*	(Bordi et al., 2003)
YmgB	Strukturelle Homologie zu Hha	Reprimiert *gad/hde* Gene in Biofilmen	(Lee et al., 2007)
RcsCDB/ AF	His-Asp Signaltransduktion Phosphorelay System	RcsB aktiviert *gadE*, wenn basal exprimiert. Nach Induktion reprimiert es die *gad* Gene	(Castanie-Cornet et al., 2007)
PhoP	Response Regulator im PhoQ/P Zwei-Komponenten System	Aktiviert *gadW*-Transkription	(Zwir et al., 2005)

In der regulatorischen Region bei -93 bis zu -131 Nukleotiden stromaufwärts der Startkodons von *gadA*, *gadB*, *gadE* sowie 7 weiteren Genen, die in Microarray-Studien als GadX/W-abhängig identifiziert wurden - *hdeA*, *hdeD*, *slp*, *ybaS*, *yhiM*, *yhiN* und *gadX* selbst - wurde eine 18 bp lange Konsensussequenz definiert, welche als GAD-Box bezeichnet wird (Tucker et al., 2003, Ma et al., 2003b, Castanie-Cornet & Foster, 2001). Diese Region wurde bei den Promotoren *gadA*, *gadB* und *gadE* als Bindestelle von GadE identifiziert. GadX und GadW haben vor *gadA* und *gadB* mit der GAD-Box überlappende Bindestellen (Tramonti et al., 2002b, Tramonti et al., 2006, Shin et al., 2001, Ma et al., 2002, Ma et al., 2003b).

Harald Weber aus unserer Arbeitsgruppe untersuchte das σ^S/GadX/GadE-Netzwerk mittels Microarray Studien. Er ermittelte die Regulons von GadE und GadX jeweils in An- und Abwesenheit des anderen Regulators. Dabei konnte er drei Gruppen von Genen identifizieren. Die *gad*/*hde* Gene werden von beiden Regulatoren aktiviert, jedoch ist GadE absolut essentiell für ihre Expression, während GadX modulatorische Funktion hat. Eine weitere Gruppe wird nur von GadX aktiviert und ist GadE-unabhängig. Zu dieser gehört als prominentestes Beispiel *slp*, kodierend für das membranintegrale Starvation Lipoprotein (Alexander & St John, 1994), welches eine Rolle bei der Abwehr von kurzkettigen Fettsäuren spielt (Mates et al., 2007). Eine weitere Gruppe ist ebenfalls von beiden Regulatoren abhängig, jedoch von beiden in moderatem Maße (Weber, 2007).

Ausgehend von dieser Arbeit war es nun interessant und wurde in dieser Arbeit untersucht, wie dieses Netzwerk σ^S→GadX→GadE→Effektorgene im Detail strukturiert ist.

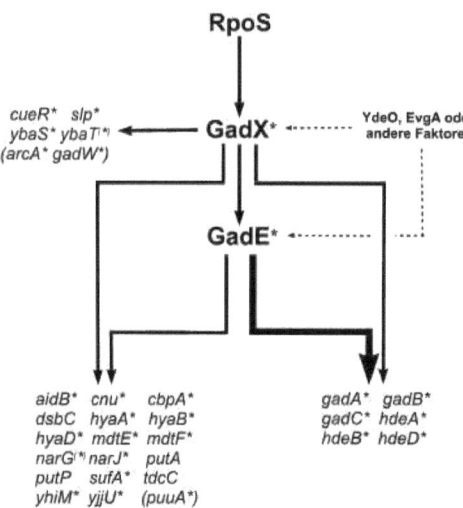

Abbildung 2.10: Regulatorisches Modell der Struktur der σ^S/GadX/GadE - Kontrollkaskade bei Übergang in die stationäre Phase in LB Medium nach den Ergebnissen von Transkriptom Studien.
Gene mit * gehören laut σ^S-Microarray Studien zum σ^S-Regulon. Pfeile symbolisieren positive Kontrolle und die Dicke gibt über die Stärke der Aktivierung Auskunft. Gestrichelte Linien bedeuten weitere regulatorisch Inputs, welche nicht weiter untersucht wurden. Klammern bedeuten, dass die Gene zum Regulon gerechnet werden, weil sie im Operon mit einem anderen dazugehörigen Gen liegen und Ratios nahe des Schwellenwertes hatten (Weber, 2007).

2.3 Zielsetzung

Ziel der vorliegenden Arbeit war es zum einen, einen globalen Ansatz zu verfolgen, proteolytisch kontrollierte Regulatoren zu finden, um im weiteren Verlauf Mechanismen zu entschlüsseln, mit welchen die Proteolyse in die Genregulation eingreift. Mit dem Versuch des direkten Nachweises von instabilen Regulatoren mittels 2D Gelelektrophorese ist man schnell an der Nachweisbarkeitsgrenze (Weichart et al., 2003), denn Regulatoren liegen, anders als Syntheseenzyme oder Zellbausteine, in geringer Konzentrationen in der Zelle vor. Im Rahmen dieser Arbeit sollte daher ein globaler Ansatz zum Aufspüren proteolytischer Substrate entwickelt werden, der auf Microarray-basierter Transkriptomanalyse beruht. Es wurden die Abweichungen in der Transkriptionsstärke von Gengruppen beim *Escherichia coli* Wildtypstamm MC4100 im Vergleich zu den isogenen Proteasemutanten von Lon und ClpP untersucht, um dadurch Rückschlüsse auf eine mögliche proteolytische Kontrolle der entsprechenden Regulatoren zu ziehen.

Eine erstaunlich deutliche Korrelation zwischen Proteasemutanten und Expressionsstärke wurde für die Gene des Glutamat-abhängigen Säureresistenzsystemes gefunden. Im weiteren Verlauf der Arbeit konzentrierten wir uns daher auf dieses hoch komplexe Regulationsnetzwerk, welches unter Kontrolle einer Vielzahl von Regulatoren steht. Unter anderem stellt es ein Subregulon des σ^S-Netzwerkes dar (Weber et al., 2005). In erster Linie sollten die proteolytisch kontrollierten Regulatoren identifiziert werden, welche für den Einfluss der Proteasen verantwortlich sind, indem mit spezifischen Antikörpern zu den Regulatoren GadE, GadW und YdeO Abbaustudien durchgeführt wurden. Insbesondere wurde desweiteren die Regulation von GadE, dem zentralen, essentiellen und positiv autoregulierten Aktivator der *gad* Effektorgene untersucht, dessen zellulärer Gehalt stringent reguliert werden muss, um ein schnelles An- und Abschalten der Säurestressantwort zu gewährleisten. Um die Regulation von GadE möglichst vollständig zu erfassen, sollte diese auf den Ebenen der transkriptionalen Regulation, der translationalen und der Kontrolle durch Proteolyse untersucht werden.

Die Erforschung dieses Systemes erforderte eine umfassende Rekonstruktion des zentralen Teiles des Netzwerkes mit Deletionsmutanten, LacZ-Reportergen-Fusionsstämmen und Antikörpern zu Schlüsselregulatoren unter den bei uns verwendeten Medien-, Wachstums- und Stammhintergrund-Bedingungen.

Vorangegangene Transkriptomstudien im Rahmen der Dissertation von Harald Weber zeigten, dass GadE mit GadX zusammen die *gad/hde* Gene aktiviert, während es weitere Gene gibt, die allein von GadX, nicht von GadE aktiviert werden. Es galt daher auch, diese Ergebnisse weiter zu untersuchen und die generelle Netzwerkstruktur sowie einzelne Netzwerkmotive von σ^S/GadE/GadX→Effektorgengruppen systematisch aufzuklären.

3. Material und Methoden

3.1 Grundlagen und allgemeine Methoden

3.1.1 Medien und Kultivierung

Als Komplexmedium wurde LB (5g Hefeextrakt; 10g Trypton; 5g NaCl) verwendet. Als definiertes Medium kam M9 (10fach konzentriert: 60 g Na_2HPO_4; 3 g KH_2PO_4; 5 g NaCl; 1 g NH_4Cl; ad 1 L mit destilliertem Wasser) mit 0,1% oder 0,2% Glucose als C-Quelle zum Einsatz.

Antibiotika wurden in den folgenden Konzentrationen eingesetzt: Ampicillin (100 µg/ml), Chloramphenicol (25 µg/ml), Kanamycin (50 µg/ml) und Tetracyclin (5 µg/ml).

Für Agarplatten wurde 5% Agar hinzugefügt und zur Blaufärbung von LacZ Fusionsstämmen wurde X-Gal (5-Brom-4-chlor-3-indoxyl-β-D-galactopyranosid) hinzugefügt.

Für Standardexperimente wurden Flüssig-Kulturen in Glaskolben mit dem 5fachen Volumen des Kulturvolumens mit einer im gleichen Medium gewachsenen Übernachtkultur auf eine OD_{578}=0,05 angeimpft und bei 300 rpm, bei 37°C im Wasserbad inkubiert.

Säureshift-Experimente wurden durchgeführt, indem LB bzw. M9 Kulturen bei OD_{578} = 0,5 mit 170 mM MES (Endkonzentration) supplementiert wurden, was den pH-Wert auf 5,0 (LB) bzw. 5,5 (M9 mit 0,2% Glucose) absenkt. Für permanentes Wachstum bei pH 5 bzw. pH 5,5 wurde das Medium entsprechend bereits mit 170 mM MES angesetzt.

3.1.2 Stammhaltung

Es wurden 5 ml LB Medium mit einer Einzelkolonie angeimpft und bei 37° C über Nacht im Roller bebrütet. Von dieser Kultur wurde 1 ml als Suspension mit 7% DMSO in Stammhaltungsröhrchen überführt und bei -80°C gelagert.

.

3.1.4 Plasmid-Transformation

Die Transformation von gereinigten Plasmiden erfolgte nach dem TSS-Verfahren (Chung *et al.*, 1989). Es wurden 200 µl Logphasenkultur mit 200 µl TSS Medium (20 g PEG 6000/8000; 2,03 g $MgCl_2$ x 6 H_2O; 90 ml LB; 10 ml DMSO) und 1 µl Plasmid DNA versetzt und dann zuerst 30 min auf Eis und anschließend 1 h bei 37° C inkubiert. Schließlich wurden die Ansätze auf LB Platten mit

Material und Methoden

3.1.5 P1-Transduktion zur Herstellung von Mutanten

Zur Herstellung eines P1 Phagenlysates wurde der Stamm, von dem das Lysat hergestellt werden sollte, in LB Medium bis zu ca. $OD_{578}=0.3$ kultiviert. Anschließend wurde die Kultur mit einem Tropfen 1 M $CaCl_2$ und 2 Tropfen *E. coli* MC4100 Wildtyplysat versetzt. Dann wurde die Kultur bis zur Lyse für ca. 3 bis 8 Stunden weiterinkubiert. Zur vollständigen Lyse wurden zum Rohlysat 5 bis 10 Tropfen Chloroform hinzupipettiert und anschließend nochmals für 10 Minuten inkubiert. Anschließend wurde bei 4000g für 15 min abzentrifugiert, der Überstand in ein neues Glasröhrchen überführt und mit 5 Tropfen Chloroform versetzt und das fertige Lysat bei 4°C gelagert.

Die Transduktion erfolgte, indem eine Übernachtkultur abzentrifugiert wurde und das Pellet in 1 ml 10 mM $MgSO_4$ resuspendiert wurde. Nach Hinzugabe von 2 Tropfen 1M $CaCl_2$ und mehreren Tropfen Phagenlysat wurde bei Raumtemperatur für 15 min inkubiert. Anschliessend wurden 2 Tropfen 1M Natriumcitrat und 500 µl LB hinzupipettiert und der Ansatz im Roller bei 37° C für eine Stunde inkubiert. Schließlich wurde der Ansatz auf LB Platten mit entsprechendem Antibiotikum ausplattiert und über Nacht bei 37° C bebrütet.

3.2 DNA-Analytik

3.2.1 Polymerasekettenreaktion (PCR)

PCR wurde nach Standardprotokollen durchgeführt (Sambrook & Gething, 1989). Die Primer wurden von Metabion (München) synthetisiert. Als DNA Polymerase wurde Vent (NEB), für Kontroll PCRs Taq Polymerase (NEB) eingesetzt. Die PCR Produkte wurden mit Agarose-Gelelektrophorese untersucht. Für präparative Zwecke wurden PCR Produkte mit Gelextraction Kit (Qiagen) aus dem Agarosegel gereinigt.

3.2.3 Präparation von Plasmid-DNA

Die Präparation von Plasmid DNA erfolgte mit Plasmid Mini Kit nach den Protokollen des Herstellers (Qiagen).

Material und Methoden

3.2.4 Klonierung

3.2.4.1 Restriktionsverdau, Ligation

Restriktionsverdaus erfolgten mit Restriktionsenzymen der Firma NEB (USA) nach den Angaben des Herstellers. Zur Vermeidung von Religationen wurden geschnittene Plasmide durch Zugabe von 1 µl Shrimp Alkalische Phosphatase (NEB) und Inkubation für 1 h bei 37°C dephosphoryliert. Zum Ligieren wurden 10 µl Insert-DNA, 2 µl Plasmid-DNA, 1,5 µl 10xLigationspuffer und 1 µl T7 Ligase (NEB) zusammenpipettiert. Dies wurde über Nacht bei 4°C gelagert oder für 2 Stunden bei 20°C, wonach der Ansatz durch Elektroporation in kompetente Zellen transformiert wurde.

3.2.4.2 Herstellung kompetenter Zellen, Elektroporation

Zur Herstellung kompetenter Zellen wurde der Rezipientenstamm in LB bis zu einer OD_{578} von 0,5 kultiviert. Die Kultur wurde dann für 30 min auf Eis inkubiert, anschliessend bei 4° C abzentrifugiert und das Zellpellet zuerst mit 0,5 vol. eiskaltem Aqua dest. und dann mit 10 ml eiskaltem 10%igem Glycerin gewaschen. Das Pellet wurde in 1/1000 Volumen (bezogen auf die ursprüngliche Kultur) 10%igem Glycerin resuspendiert und dann zu 100 µl in Reaktionsgefäße aliquotiert und bei -80°C eingefroren. Zur Elektroporation wurden zu einem Aliquot kompetenter Zellen 5 µl DNA hinzugegeben, gemischt und kurz auf Eis inkubiert. Dann wurde die Suspension in vorgekühlte Elektroporationsküvetten überführt und mit Gene Pulser Xcell (BioRad) elektroporiert. Der Ansatz wurde mit 0,4 ml LB aufgefüllt, in Reagenzgläser überführt und zur phänotypischen Expression 1 h im Roller inkubiert. Schließlich wurde auf LB Platten mit entsprechendem Antibiotikum ausplattiert.

3.2.4.3 Plasmidpräparation, Sequenzierung

Positive Klone wurden durch Vereinzelungsaustrich auf Selektivmedium gereinigt. Von Einzelkolonien wurden dann Übernachtkulturen angeimpft und aus diesen die Plasmid-DNA isoliert und dann bei -20°C gelagert. Aliquote der Plasmid-DNA wurden zur Sequenzierung des Inserts an die Firma Agowa (Berlin) geschickt, um die Richtigkeit des Klonierungsproduktes zu überprüfen.

3.2.4.4 Plasmidklonierungen von *gadE*, *gadW* und *ydeO* zur Analyse

Um GadW und YdeO detektierbar zu machen, wurden die Gene auf pRH800 (Plasmide in Plasmidverzeichnis am Ende dieses Kapitels) kloniert hinter einen IPTG induzierbaren tac Promotor. Dafür wurde der gesamte ORF und die native Shine Dalgarno Sequenz per PCR mit MC4100 DNA als Matrize amplifiziert (Primer in Primerliste am Ende des Kapitels) und in das geschnittene Plasmid eingeführt.

GadE wurde, um es von der transkriptionalen Kontrolle abzukoppeln und die posttranskriptionale Kontrolle zu untersuchen, mit seiner gesamten mRNA auf pRH800 kloniert. Dafür wurde, ausgehend vom Transkriptionsstartpunkt bei -124 relativ zum Startkodon (Weber et al., 2005) bis zu einer rho-unabhängigen Terminationsstelle stromabwärts des ORF amplifiziert wie oben beschrieben (Primer in Primerliste am Ende des Kapitels). Desweiteren wurde *gadE* hinter einen synthetischen, stark σ^S-abhängigen Promotor, synp9 (Becker & Hengge-Aronis, 2001), auf einen Vektor mit niedriger Kopienzahl (pACYC184) kloniert, um die Expression von *gadE* ausschliesslich σ^S-abhängig zu exprimieren und GadE in physiologischen Mengen in der Zelle vorliegen zu haben.. Dafür wurde ebenfalls ausgehend von oben erwähnten Transkriptionsstartpunkt bis zum Ende des ORF von *gadE* amplifiziert und das erhaltene Fragment in die Schnittstellen in die Chloramphenicol-Resistenz-Kassette von pACYC184 eingefügt, wobei diese zerstört wurde. Die Klonierungen von *gadE* sind in Abbildung 3.1 zu sehen.

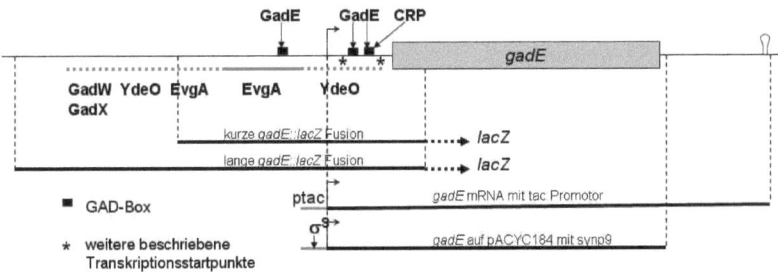

Abbildung 3.1: Schemaskizze von *gadE* und seinem regulatorischen Bereich und den angefertigten Klonierungen.

3.2.4.5 GFP-Klonierungen

Für die Klonierung von unterschiedlich C-terminal markiertem GFP wurde das Plasmid pGFPssrA von (Dougan *et al.*, 2002) verwendet. Mithilfe der Schnittstellen *Pst*I/*Hind*III kann der ssrA-Tag herausgeschnitten werden und die C-terminale YdeO-Oligonukleotidsequenz, welche von Kodon- und Antikodonstrang bei Metabion angefertigt wurde und *in vitro* hybridisiert wurde (mit überlappenden Enden, die den Schnittstellen entsprachen), konnte in den Vektor ligiert werden (Oligonukleotide dafür in Primerliste am Ende des Kapitels). Das Ergebnis wurde per Sequenzierung überprüft. Zur Verfügung gestellt wurde uns von der Gruppe Dougan zusätzlich noch als Kontrolle pGFPssrA^{DD}.

Zur Feststellung der Fluoreszenz wurden die mit den GFP*-Plasmiden transformierten Stämme in verschiedenem Stammhintergrund auf LB Platten mit 1mM IPTG ausgestrichen, über Nacht bei 37°C inkubiert und auf UV-Durchleuchttisch bestrahlt und fotografiert.

3.3 RNA-Analytik

3.3.1 RNA-Präparation

3.3.1.1 Zellernte

Eine geeignete Menge Bakterienkultur (zur Präparation für Microarrays: M9 Medium, logarithmische Phase, 70 ml) wurde mit 1/10 Vol. eiskalter Stoplösung (10% v/v Phenol in Ethanol) (Bernstein et al., 2002) versetzt, dann bei 5000 rpm/4°C für 4 min abzentrifugiert und das Pellet sofort in flüssigem N_2 eingefroren und bei -80°C bis zur weiteren Verarbeitung gelagert.

3.3.1.2 RNA-Aufreinigung

Die RNA Präparation erfolgte mit dem Rneasy Midi Kit gemäß dem Protokoll des Herstellers (Qiagen). Nach der Elution der gereinigten RNA von den RNeasySäulen wurde diese mit 1/10 vol. DNasePuffer (10 fach konzentriert: 1 M Natriumacetat; 50 mM $MgSO_4$; pH 5,0) und 3 µl Rnase freier DNase (Roche) versetzt und für 20 min bei 37°C und anschliessend für 10 min bei 70° C inkubiert. Danach erfolgte eine Phenolextraktion mit 1 Vol. Phenol:Chloroform:Isoamylalkohol (25:24:1) (Roth) und anschließend eine weitere Extraktion mit 1 Vol. Choroform:Isoamylalkohol (24:1) (Roth). Anschliessend wurde die gereinigte RNA mit 20 µl Natriumacetat pH 5,2 und 3 Vol. 96% Ethanol bei -20°C über Nacht gefällt. Danach wurde die RNA bei 4° C und 14000 rpm für 30 min abzentrifugiert, das RNA Pellet mit 1 ml 70% Ethanol gewaschen und dann bei Raumtemperatur getrocknet. Das trockene RNA Pellet wurde schließlich in 10 bis 20 µl RNase freiem Wasser gelöst und die gelöste RNA bei -80°C gelagert.

3.3.1.3 RNA-Konzentrationsbestimmung und -Qualitätskontrolle

Die Konzentration und Reinheit von RNA Proben wurde durch photometrische Messung bei 260 nm und 280 nm bestimmt (Sambrook & Gething, 1989). Weiterhin wurde die Qualität der Proben in Hinsicht auf RNA Degradation und DNA Kontamination mit denaturierender Agarose-Gelelektrophorese untersucht. Dazu wurden 1 µg RNA mit 1 vol. RNA Probenpuffer (6,5 ml Formamid; 1,2 ml Formaldehyd; 2 ml 10x MOPS; 0,4 ml 50% Saccharose; 20 mg

Bromphenolblau; 20 mg Xylencyanol) gemischt und bei 65° C für zehn Minuten denaturiert.

Die Proben wurden in einem denaturierenden Agarosesegel (3 g Agarose; 146 ml A. dest; 2 ml 10x MOPS; 34 ml Formaldehyd) aufgetrennt und schließlich mit Ethidiumbromid gefärbt.

3.3.2 Microarray-Technik

Die Microarray-Analysen wurden mit Microarrays mit 50mer Oligonukleotidsonden (ssDNA) von der Firma MWG wie folgt durchgeführt:

3.3.2.1 Reverse Transkription mit fluoreszierenden Nukleotiden („Labeling")

Die reverse Transkription der gereinigten RNA wurde als direkte Markierung mit Cy3-dCTP/Cy5-dCTP (Amersham) nach dem Protokoll für bakterielle Microarrays der Firma MWG durchgeführt. Zu 50 µg RNA wurden 3 µl Random Hexamere (3 µg/µl; Invitrogen) gegeben, der Ansatz wurde zuerst für 10 min bei 65° C und anschließend für 10 min bei Raumtemperatur inkubiert und schließlich 2 min auf Eis abgekühlt. Anschließend wurden zu diesem Ansatz 4 µl 5x RT Reaktionspuffer, 2 µl dNTP Mastermix (dATP, dGTP, dTTP jeweils 5 mM; dCTP 2mM), 2 µl Cy3-dCTP oder Cy5-dCTP, 2µl DTT und 1 µl Superscript II (alle Komponenten von Invitrogen, außer den Cy Nukleotiden) hinzugegeben, gemischt und für 2 h bei 42° C inkubiert. Danach wurde der Ansatz mit 5 µl 1 M NaOH versetzt und für 10 min bei 65° C inkubiert. Nach der Neutralisierung mit 5 ml 1 M HCl und 200 µl TE Puffer pH 7,5 erfolgte die Aufreinigung der cDNA mit PCR Purification Kit (Qiagen). Entsprechende Cy3 und Cy5 markierte Ansätze wurden vereinigt und in der Vakuumzentrifuge auf ein Volumen von ca. 10 µl eingeengt und schließlich auf Eis (für maximal 2h) gelagert.

3.3.2.2 Überprüfung der Labeling Effizienz

1 µl Labeling Ansatz in maximal 100 µl H$_2$O bei 260 nm (cDNA Konzentration) und 550 nm (Cy3-Absorption) bzw. 649 nm (Cy5-Absorption) messen.

Cy3: λ_{max} = 550 nm
ε (cm-1 M-1) = 150000 (ε_{dye})
CF$_{260}$ (Correction Factor) = 0.08

Cy5: λ_{max} = 649 nm
ε (cm-1 M-1) = 250000 (ε_{dye})

Material und Methoden

CF_{260} (Correction Factor) = 0.05
ssDNA: ε (cm-1 M-1) = 8920 (ε_{base})

$A_{base} = A_{260} - (A_{dye} \times CF_{260})$ A = Absorption

Verhältnis base/dye: $(A_{base} \times \varepsilon_{dye})/(A_{dye} \times \varepsilon_{base})$

Der Quotient base/dye sollte zwischen 8 und 65 liegen, wobei die Inkorporation der Cy dyes umso besser ist, umso niedriger der Wert liegt. Cy5 wird bekanntermaßen schlechter inkorporiert als Cy3, führt auch häufiger zum Abbruch der Synthese. Noch dazu ist es empfindlicher gegen Zerstörung durch Licht.

cDNA Konzentration: $c(mg/ml) = (A_{base} \times 330\ (MW_{base}))/(\varepsilon_{base} \times Pfadlänge)$

3.3.2.3 Hybridisierung, Detektion und Auswertung

Die cDNA wurde gegen *Escherichia coli* K12 Microarrays V2 (MWG) hybridisiert. Diese Microarrays sind mit 4288 Gen-spezifischen 50mer Oligonukleotiden gespottet und decken damit alle offenen Leseraster des Genomes ab. Hybridisierung, Waschen und Trocknen der Microarrays erfolgte nach der Anleitung des Herstellers. Die Fluoreszenz Detektion der Microarrays bei 532 nm (Cy3) und 635 nm (Cy5) erfolgte mit einem Genepix 4100 A (Axon) Laserscanner und der Software Genepix Pro 4.1 und Acuity (Axon). Für ein einzelnes Microarray-Experiment wurden Gene nur dann in die weitere Auswertung aufgenommen, wenn die detektierten Signale eine Mindestqualität aufwiesen. Dazu musste das Signal-Rausch-Verhältnis („signal to noise ratio") in mindestens einem Kanal > 3 und die Summe der Intensitätsmediane („sum of medians") > 200 betragen. Experimente wurden mit insgesamt drei biologisch unabhängigen Microarray-Analysen durchgeführt. Gene wurden als differenziell reguliert betrachtet, wenn in allen drei Analysen die Unterschiede der relativen RNA Mengen > 2 oder < 0,5 war. Die Angabe der Ratios in den Tabellen beruht auf den Durchschnittswerten der drei Experimente.

Die Rohdaten der Microarrays, die in dieser Arbeit gemacht wurden, befinden sich auf dem Arrayexpress Server (http://www.ebi.ac.uk/arrayexpress). Die Lon[+/-]-Array Daten sind öffentlich zugänglich unter der Expressionsnummer E-MEXP-1484

3.3.3 Northern Blot-Analyse

Gesamtzell-RNA zur Northern Blot-Analyse von *gadA* und *gadBC* mRNA wurde genau so präpariert und weiter prozessiert wie in (Weber et al., 2006) beschrieben. Als Sonde wurde ein DIG-markiertes PCR-Fragment verwendet, das mit folgenden Oligonukleotiden hergestellt wurde: 5`-GGTTCTTCCGAGGCCTGTATG-3` und 5`-CAGGTGTTGTTTAAAGCTGTTCTG-3`. Diese Sonde basenpaart an homologen Abschnitten von *gadA* und *gadBC*, da es sich um für Isozyme kodierende Gene handelt und sie praktisch identische DNA-Sequenz haben.

3.4 Protein-Analytik

3.4.1 Immunoblot-Analyse (Westernblot)

3.4.1.1 Protein-Präparation

Zur Standardisierung der Proteinkonzentration in den Proben, wurde nach folgender Formel entweder berechnet, wieviel Probenvolumen aus den Kulturen entnommen werden musste, oder wieviel SDS-Probenpuffer hinzugegeben werden muss:

$0,374 / OD_{578}$ = Probenvolumen in µl (entspricht 40µg Gesamtprotein).

Zur Extraktion der Proteine wurden Proben von M9 Bakterienkulturen mit 1/10 vol. 100% Trichloressigsäure versetzt, die Proben von LB Kulturen wurden vorher abzentrifugiert und dann direkt in 10% Trichloressigsäure resuspendiert. Die Fällung der Proteine erfolgte für mindestens 20 min auf Eis. Anschließend wurde bei 4°C 10 min abzentrifugiert und das Präzipitat mit Aceton gewaschen. Nach Trocknung für 10 min bei Raumtemperatur wurde die Proteinpräparation in einem solchen Volumen SDS Probenpuffer (0,06 M Tris [pH 6,8]; 2% SDS; 10% Glycerin; 3% ß-Mercaptoethanol; 0,005% Bromphenolblau) resuspendiert, dass die Gesamtprotein Endkonzentration in der Probe 2µg/µl betrug.

3.4.1.2 SDS-Polyacrylamid-Gelelektrophorese (SDS-PAGE)

SDS PAGE erfolgte nach Standardmethoden (Laemmli, 1970, Sambrook & Gething, 1989) in einer MiniProteanIIApparatur (Biorad). Dazu wurde ein 15 %iges Trenngel (2,5 ml LT [36,34 g Tris; 0,8 g SDS; 200 ml A. dest; pH 8,8]; 5 ml Gelstock [30% Acrylamid; 0,8% Bisacrylamid]; 2,45 ml A. dest; 5 µl TEMED; 50 µl 10% APS [Ammoniumperoxidosulfat]) mit einem 4%igen Sammelgel (1,25 ml UT [6,06 g Tris; 0,8 g SDS; 100 ml A. dest; pH 6,8]; 0,65 ml Gelstock; 3,07 ml A.dest.; 5µl TEMED; 25 µl 10% APS) überschichtet. Proteinproben in SDS-Probenpuffer wurden 5 min bei 100° C erhitzt und nach kurzem Abzentrifugieren aufgetragen. Die Auftrennung erfolgte bei 25 mA pro Gel in SDS PAGE Elektrophoresepuffer (25 mM Tris; 0,19M Glycin; 0,1% SDS).

3.4.1.3 Blotten des Proteingels und Immunodetektion

Nach der Auftrennung mit SDS PAGE wurden Proteine in einer MiniProteanII Apparatur (Biorad) auf eine Roti PVDF Membran übertragen. Dazu wurde die Membran in Methanol, Wasser und Transblotpuffer (25 mM Tris; 192 mM Glycin; 20% Methanol) äquilibriert und gemeinsam mit dem Proteingel und Whatmanpapieren (Schleicher & Schuell) in einer entsprechenden Vorrichtung assembliert. Das Blotten erfolgte in eiskaltem Transblotpuffer für 1 h bei 100 V. Nach dem Blotten wurde die Membran für mindestens 1h in Blocking Puffer inkubiert. Für die Detektion von σ^S, GFP, His_5, LacZ war das TBSTM (5% Magermilchpulver in TBST [20 mM Tris pH 7,5; 150 mM NaCl; 0,05% Tween20]) für die Detektion von GadE, YdeO und GadW ist der Blocking Puffer TBSTB (3% BSA, 10% eines 50 x Lysates einer Stationärphasenkultur der entsprechenden Deletionsmutante in TBST). Danach wurde für mindestens 2 h mit dem primären Antikörper (Anti-GadE, -YdeO, -GadW [diese Arbeit]: 1:10000; Anti-σ^S [Laborsammlung, Lange & Hengge-Aronis, 1994], -GFP [Sigma], -His_5 [Qiagen] oder -LacZ [Laborsammlung] 1:5000 in Blocking Puffer) inkubiert. Nach drei Waschschritten zu je 10 min in TBST wurde für 2 h das Ziege-Anti-Kaninchen-IgG-Alkalische-Phosphatase Konjugat bzw. für His_5 das Ziege-Anti-Maus-IgG-Alkalische-Phosphatase Konjugat (Sigma; 1:7500 in TBSTM bzw. TBSTB) hinzu gegeben. Danach wurde die Membran mit TBST und AP Puffer (100 mM Tris pH 9,5; 100 mM NaCl; 5 mM $MgCl_2$) jeweils 10 min gewaschen. Entwickelt wurde durch Zugabe von 33 µl BCIP Lösung (50 mg/ml in Dimethylformamid) und 33 µl NBT Lösung (50 mg/ml in 70% Dimethylformamid) in 10 ml AP Puffer. Die Reaktion der alkalischen Phosphatase wurde gestoppt durch mehrmaliges Waschen in A. dest. und schließlich wurden die Westernblots auf Filterpapier im Dunkeln getrocknet. Zur Quantifizierung der eingescannten Westernblotbanden wurde das Image Gauge Programm verwendet, wobei eine Standardbande (soweit eine solche vorhanden war) und der Hintergrundwert mit einberechnet wurden.

3.4.2 Nichtradioaktive Bestimmung der Protein Stabilität

Die Bestimmung der Proteinstabilität von GadE, YdeO, GadW, GadE-LacZ und den GFP-Derivaten *in vivo* erfolgte in einem nicht-radioaktiven Immunoblot Ansatz.

GadE wurde in diversen Mutantenhintergründen und Wachstumsbedingungen auf seine Stabilität hin untersucht (Angaben im Ergebnisteil im entsprechenden Abschnitt). Die Stabilität von GadE-LacZ wurde in M9/Glucose, OD_{578}=0,5 untersucht. YdeO und GadW wurden - da sie nativ nicht detektierbar war - ektopisch von einem IPTG-induzierbaren Promotor exprimiert (50 µM IPTG (YdeO) und 1mM IPTG (GadW) bei OD_{578}=0,5 in M9/Glucose (YdeO) oder LB (GadW) für 20 min). GFP und seine Derivate sind ebenfalls auf Plasmid kodiert hinter einem IPTG-induzierbaren Promotor (Dougan *et al.*, 2002) (1 mM IPTG bei OD_{578}=0,5 in M9 für 15 min).

Die Proteinbiosynthese wurde mit 50 µg/ml Tetracyclin bzw. 0,25 mg/ml Chloramphenicol (Endkonzentrationen) gestoppt und Proben zur TCA-Fällung zum Zeitpunkt 0 und weiteren, bei den Versuchen angegebenen Zeitpunkten entnommen.

3.4.4 Proteinüberexpression, Proteinaufreinigung und Antikörperherstellung

Für die Proteinüberexpression von GadE, YdeO und GadW wurden PCR Produkte (siehe Primerliste am Ende des Kapitels) der vollständigen offenen Leseraster in den Überexpressionsvektor für N-terminales His$_6$-Tagging pQE30 Xa *lacI* (basierend auf pQE30 Xa von Qiagen mit *lacI* Gen an die *Xba*I Stelle kloniert). Dieser besitzt zwischen N-terminaler His$_6$-Sequenz und MCS eine Xa Protease Schnittstelle und hat ein T5 Transkriptions-Translations-System. Es wurden die Restriktionsschnittstellen *Stu*I und *Hind*III benutzt.

MC4100 mit den Überexpressionsvektoren in LB mit Ampicillin (100 µg/ml) bei 37°C bis OD$_{578}$=0,6. Dann wurden 1 mM IPTG hinzugefügt und bei 25°C über Nacht weiter inkubiert. Nach Zellernte wurde die Reinigung nach dem Qiagen Protokoll zur Reinigung unter denaturierenden Bedingungen durchgeführt Für weitere Aufreinigung wurde mit den vorgereinigten Proteinen eine 15% SDS-PAGE Elektrophorese gemacht und die ausgeschnittene Proteinbande mithilfe des Electro-Eluter (BioRad) eluiert.

Dieses Eluat wurde zur Herstellung eines polyklonalen Antiserums in Kaninchen (Pineda Antikörper-Service, Berlin) verwendet. Das Antiserum wurde dann gereinigt, mithilfe eines Ganzzellextrakt einer entsprechenden Deletionsmutante zum Wegfangen unspezifischer Antikörper.

3.4.5 Bestimmung der Proteinkonzentration

Die Bestimmung der Proteinkonzentration erfolgte mit Coomassie Plus (Pierce) nach den Angaben des Herstellers.

3.5 Genetische Methoden

3.5.1 Herstellung von Deletionsmutanten

Die Deletion chromosomaler Gene („onestep inactivation") und gegebenenfalls Entfernung der Antibiotika Resistenz Kassette wurde nach der Methode von Datsenko und Wanner (Datsenko & Wanner, 2000) durchgeführt. Die genspezifischen Primer zur Generierung der PCR Produkte für die

Material und Methoden

Deletionen sind am Ende dieses Kapitels gelistet. Es wurden Deletionsmutanten von *gadE*, *gadW*, *gadY* (es wurde nur der Promotorbereich und die ersten transkribierten Nukleotide deletiert, um keine *gadX* Deletion zu erhalten) und *ydeO* angefertigt.

3.5.2 Konstruktion von chromosomalen *lacZ*-Reporterfusionen

Translationale Fusionen wurden durch Klonierung von PCR Produkten in die Fusionsvektoren pJL28,29 oder 30 generiert (Lucht *et al.*, 1994). In der Regel wurden nur ein kurzer Abschnitt des 5' Endes des offenen Leserasters des Zielgenes mit *lacZ* fusioniert. Solche kurzen translationalen Fusionen reflektieren daher vor allem die transkriptionale Regulation, sind aber aufgrund höherer Signalstärke besser zu messen als transkriptionale Fusionen. Für die Inserts wurden Primer mit entsprechenden Restriktionsschnittstellen abgeleitet (siehe Primertabelle am Ende des Kapitels) und in der PCR mit chromosomaler DNA von MC4100 als Matrize eingesetzt (für Details siehe den Abschnitt „Klonierung"). Translationale Fusionen wurden in transkriptionale Fusionen umgewandelt unter Verwendung der *Hind*III/*Cla*I Fragmentes von pFS1, welches die Stopkodons in allen drei Leserastern, eine Shine Dalgarno Sequenz und einen Teil von *lacZ* enthält (Mika & Hengge, 2005). Dieses Fragment wurde mit dem *Hind*III/*Cla*I Fragment des jeweiligen Vektors mit der translationale Fusion ausgetauscht, so dass LacZ unabhängig translatiert wird.

Die Plasmid-kodierten Fusionen wurden in den Phagen λRS45 gekreuzt und mit diesem MC4100 lysogenisiert (Simons *et al.*, 1987). Auf Einzellysogenität wurde mit PCR nach (Powell *et al.*, 1994) getestet.

Es wurden translationale LacZ Fusionen von *gadE*, *gadX*, *gadW* und *slp* angefertigt und transkriptionale Fusionen von *gadA* und *gadB*.

3.6 Biochemische Methoden

3.6.1 Bestimmung der ß-Galaktosidase-Aktivität

Die ß-Galaktosidase-Aktivität wurde nach (Miller, 1972) mit *o*-Nitrophenyl-ß-D-Galactopyranosid (ONPG) als Substrat bestimmt und in µmol o-Nitrophenol pro min pro mg Protein angegeben.

3.7 Bioinformatische Analysen

3.7.1 Genannotationen und Gensequenzen

Material und Methoden

Angaben von Gennamen und Genprodukten beruhen auf den Angaben von der Datenbank Encyclopedia of *Escherichia coli* K-12 Genes and Metabolism (EcoCyc) (http://ecocyc.org/). Gensequenzen von *E. coli* stammen aus der Genbank Datei von Colibri (http://genolist.pasteur.fr/Colibri/).

3.7.2 Bestimmung der mRNA Faltung von *gadE*

Die Vorhersage der Sekundärstruktur-Faltung der *gadE* mRNA wurde mithilfe des MFold Programmes von Martin Zucker angefertigt (http://mfold.bioinfo.rpi.edu/) (Zucker, 1999). Es wurden dafür die ersten 250 Nukleotide ab Transkriptionsstartpunkt (Weber et al., 2005) für die Berechnung herangezogen.

3.8 Verzeichnisse der Materialien, Primer, Plasmide und Stämme

Die in dieser Arbeit verwendeten Chemikalien wurden in der für die molekularbiologische Forschung angemessenen Qualität bei den einschlägigen Herstellern (Roth, Merck, Sigma) bezogen. Angaben zu Materialien, die nicht nachfolgend gelistet sind, finden sich in dem entsprechenden Abschnitten im Methodenteil.

3.8.1 Materialienverzeichnis

Substanz	Hersteller
Blotmembran PVDF	Roth
Bromphenolblau	Biorad
Dig-UTP Labeling Mix	Roche
DNA Längenmarker λDNA-*BstE*II	New England Biolabs
DNase	Boehringer
DTT	Pharmacia PlusOne
Harnstoff	Pharmacia PluOne
IPTG	Peqlab
Klen Taq DNA Polymerae und Puffer	Sigma
Milli Q	Millipore
(Mini) Protean II	Biorad
NBT und BCIP	Boehringer
ONPG	Serva
Plasmid Mini und Midi Kit	Qiagen
Proteingrößenstandard	Biorad/Invitrogen
Protein Assay Kit	Pierce
Qiaquick Gel Extraction Kit	Qiagen
Restriktionsenzyme	New England Biolabs
RNeasy Mini Kit	Qiagen
PCR Purification Kit	Qiagen
SDS 10%	Biorad
Sekundäre Antikörper	Sigma
Shrimp Alakline Phosphatase	Amersham Biosciences
T4 DNA Ligase	Boehringer
TEMED	Roth
Tris Base	Applichem
Vent Polymerase und Puffer	New England Biolabs
Cy3-dCTP, Cy5-dCTP	Amersham
MES	Sigma
Nukleotide für Microarrays	Invitrogen
Nukleotidmix für PCR	Qbiogene
Random Primers	Invitrogen
Superscript II Reverse Transkriptase	Invitrogen
X-Gal	Roth

3.8.2 Verzeichnis der Oligonukleotide

Name	Sequenz 5`-3`	Konstruktion
gadA(B)-u-(+138)SalI	GATAATCTGAAAGTCGACATCATCGC	gadA(B)::lacZ
gadA-d-(-281)EcoRI	GTGGATGAATTCGTAGCTTTCCTGC	gadA::lacZ
gadB-d-(-231)EcoRI	GTGAGAATTCAGGAGACACAGAATGC	gadB::lacZ
gadE-u-(+1165)SacII	CATGCCCGCGGTCAATTTCAGTTG	gadE auf pACYC184
gadE-d-(+1)phos	ATGATTTTTCTCATGACGAAAGATTC	gadE auf pQE30 Xa lacI
gadE-u-(728)HindIII	ACATAAGCTTCTAAAAATAAGATGTGATACCCAGGGTGAC	gadE auf pQE30 Xa lacI
NcoI-synp9-gadE-d-(-143)	CGCTGCCATGGATTAATCATCCGGCTTCTATACTTAATAGGTATTGATTAGTGTTAATAGACG	gadE auf pACYC184 mit synp9 Promotor
gadE-d-(-146)BamHI	GAAGTATTGATTAGGATCCATAGACG	gadE mRNA auf pRH800
gadE-u-(+758)SacI	GGGATACAGGCACAGAGCTCGACATGG	gadE mRNA auf pRH800
gadE-d-(+1)P1	ATAATGAAAAGGATGACATATTCGAAACGATAACGGCTAAGGAGCAAGTTGTGTAGGCTGGAGCTGCTTC	gadE::kan
gadE-u-(+529)P2	TCTGCATCCCTCGTCATGCCAGCCATCAATTTCAGTTGCTTATGTCCTGACATATGAATATCCTCCTTAG	gadE::kan
gadE-u-(+45)HindIII	ATCTATAAGCTTTATCTTTCAACTGCCAAAAGC	gadE::lacZ
gadE-d-(-791)BamHI	CGGTTGTCACCCGGATCCTAGTCAC	gadE::lacZ (lange Fusion)
gadW-d-(+1)phos	ATGACTCATGTCTGCTCGGTGATCC	gadW auf pQE30 Xa lacI
gadW-u-(+729)HindIII	CATAAGCTTTCAGGAAAAGGTACCTGGCGAATGTTGCG	gadW auf pQE30 Xa lacI
gadW-d-(-11)EcoRI	GTATGAATTCTAAGGGATAATCATGAC	gadW auf pRH800
gadW-u-(+756)HindIII	GAGATCCTGACCAAGCTTCAAATGCG	gadW auf pRH800
gadW-d-(+1)P1	TCATTAGTATACTGAAATTGAAATAATCGCAGTATGAAATATAAGGGATAGTGTAGGCTGGAGCTGCTTC	gadW::kan
gadW-u-(+730)P2	TCACATGAAGCAGGTGTGAGATCCTGACCAATATTCAAATGCGAAATATGCATATGAATATCCTCCTTAG	gadW::kan
gadW-d-(-318)EcoRI	GGACCGGGAATTCGATAGTCTGCCG	gadW::lacZ
gadW-u-(+33)SalI	CGAATGGTCGACGAATGAGGATCAC	gadW::lacZ
gadX-d-(-192)EcoRI	GCTTACTATGAATTCCCCTGTGTTC	gadX::lacZ
gadX-u-(+39)SalI	CTTGCATACGCAAGTCGACAATTCC	gadX::lacZ
gadY-d-(-102)P1	GATAATAAGTAAATGCAGCACGAATATATTTTCGCACAGCGTATAGCGTGTAGGCTGGAGCTGCTTC	gadY::kan
gadY-u-(+46)P2	CCGTTATAACACTCCCTGTTGGCACGGGAAACTTTGTGCTCTCCATATGAATATCCTCCTTAG	gadY::kan
ydeO-cterm-d-PstI/HindIII	GGCCGCAAATACGGGCAACACGATGAATGCTTTAGCTATTTGAA	pGFPydeO`
ydeO-cterm-u-PstI/HindIII	AGCTTTCAAATAGCTAAAGCATTCATCGTGTTGCCCGTATTTGC	pGFPydeO`
slp-d-(-463)BamHI	CTCCGGATCCAATAAAATTCAAACATGG	slp::lacZ
slp-u-(+14)HindIII	CCTTTTGTAAGCTTCATGTTACTATCC	slp::lacZ
ydeO-d-phos	ATGTCGCTCGTTTGTTCTGTTATATTT	ydeO auf pQE30 Xa lacI
ydeO-u-(+763)HindIII	GCAAAGCTTCAAATAGCTAAAGCATTCATCGTGTTGCCCG	ydeO auf pQE30 Xa lacI
ydeO-d-(-44)BamHI	GTTAAAAAGGATCCATAAAAACTTTATTG	ydeO auf pRH800
ydeO-u-(+795)HindIIII(LAI)	GGTTGACTACTCGTAAGCTTATAATCAAATAGCTAAAGC	ydeO auf pRH800 mit C-terminalem LAI
ydeO-u-(+795)HindIIII(LDD)	GGTTGACTACTCGTAAGCTTATAATCAATCATCTAAAGC	ydeO auf pRH800 mit C-terminalem LDD
ydeO-(+763)P2	CCATTTAATTCTTACGCAGCGTGTGTGGTTGACTACTCGTTAGCAAATAACATATGAATATCCTCCTTAG	ydeO::kan
ydeO-(-1)-P1	GAAATGTTAAAAAAGTATCGATAAAAACTTTATTGTTTTAAGGAGATAAAGTGTAGGCTGGAGCTGCTTC	ydeO::kan

Material und Methoden

3.8.3 Verzeichnis der Plasmide

Plasmid	Beschreibung	Referenz
pACYC184	Zur Klonierung von Genen mit niedrigem Spiegel. Low copy Plasmid mit ori, Cm^R, Tc^R	NEB
pGFPssrA	pUHE21-2fdΔ12 mit GFP mit C-terminaler ssrA-Markierung statt His_{10} (NotI-PstI Fragment)	(Dougan et al., 2002)
pGFPssrA^{DD}	pGFPssrA mit Austausch der letzten 2 Aminosäurereste am C-Terminus der ssrA-Markierung (AA→DD)	(Dougan et al., 2002)
pJH1	pJL30-Derivat mit (gadA(-)281 bis gadA138)::lacZ	diese Arbeit
pJH2	pJL30-Derivat mit (gadB(-)231 bis gadB138)::lacZ	diese Arbeit
pJH3	pJH1 mit HindIII-ClaI Fragment aus pFS1, dadurch Einführung von Translationsstops in allen drei Leserastern und Shine-Dalgarno-Sequenz stromaufwärts von lacZ, um Operonfusion zu erhalten.	(Weber et al., 2005)
pJH4	pJH2 mit HindIII-ClaI Fragment Austausch aus pFS1 (s.pJH3)	(Weber et al., 2005)
pJH5	pQE30 Xa lacI mit (gadW1 bis gadW729) in HindIII-StuI Schnittstelle	diese Arbeit
pJH6	pQE30 Xa lacI mit (gadX1 bis gadX826) in HindIII-StuI Schnittstelle	diese Arbeit
pJH7	pQE30 Xa lacI mit (gadE1 bis gadE528) in HindIII-StuI Schnittstelle	diese Arbeit
pJH12	pRH800 mit gadW(-)12 bis gadW746 in EcoRI-HindIII Schnittstelle	diese Arbeit
pJH14	pGFP mit ydeO727 bis ydeO764 am C-Terminus statt His_{10} (NotI-PstI Fragment)	diese Arbeit
pJH15	pQE30 Xa lacI mit (ydeO1 bis ydeO761) in HindIII-StuI Schnittstelle	diese Arbeit
pJH16	pJL29-Derivat mit (gadW(-)318 bis gadW33)::lacZ [hybr.]	diese Arbeit
pJH17	pJL29-Derivat mit (slp(-)463 bis slp14)::lacZ [hybr.]	diese Arbeit
pJH18	pJL29-Derivat mit (gadX(-)176 bis gadX29)::lacZ [hybr.]	diese Arbeit
pJH19	pRH800 mit (gadE(-)124 bis gadE740) in BamHI-SacI Schnittstelle	diese Arbeit
pJH20	pRH800 mit (ydeO(-)30 bis ydeO765)	diese Arbeit
pJH21	pRH800 mit (ydeO(-)30 bis ydeO765) mit Mutation im C-Terminus (AI→DD)	diese Arbeit
pJH22	pACYC184 (gadE(-)124 bis gadE553) hinter synthetischem Promotor synp9 in NcoI-SacII Schnittstelle.	diese Arbeit
pJH23	pJL28-Derivat mit (gadE(-)774 bis gadE60)::lacZ [hybr.]	diese Arbeit
pJL28,29,30	Vektoren zur Herstellung von Genfusionen mit lacZ, bla^+ (Amp^R)	(Lucht et al., 1994)
pQE30 Xa lacI	Überexpressionsvektor mit Polylinker mit N-terminalem His_6 und dazwischen Xa Protease Schnittstelle und lacI Gen in XbaI Schnittstelle	Qiagen
pRH800	PBR322-Derivat: pLSK5 (pJF118EH mit dnaA in SmaI/SalI im Polylinker) mit ausgetauschtem Polylinker EcoRI/HindIII von pSPTBM20 (Boehringer Mannheim) vermutlich lacIq nicht funktionell, daher leaky	Fischer D. und Hengge-Aronis R.

Material und Methoden

3.8.4 Verzeichnis der Bakterienstämme

Stamm	Genotyp	Referenz
MC4100	E.coli K12 F- araD139 Δ(argF-lac)U169 deoC flbB5301 relA1 rpsL150 ptsF25 rbsR	(Silhavy et al., 1984)
AM106	MC4100 rssB::Tn10	(Muffler et al., 1996)
AM125	MC4100 clpP1::cat	(Muffler et al., 1997)
AM135	MC4100 clpP1::cat rssB::Tn10	Laborsammlung
AS8	MC4100 lon-146::ΔTn10	Laborsammlung
DDS1201	MG1655 dsrA1::cat	(Sledjeski & Gottesman, 1995)
FI1202	W3110 LacI^q lacL8 glnG::Tn5 λ202	Fiedler, 1995
GB117	MC4100 [λRS45:synp9::lacZ(hybr)]	(Becker & Hengge-Aronis, 2001)
HW113	MC4100 [λRS45:gadE(-)463 bis gadE45::lacZ(hybr)]	(Weber et al., 2005)
HW115	MC4100 gadX::cat	(Weber et al., 2005)
KS7	MC4100 [λRS45:dps(-) bis dps::lacZ]	(Stephani et al., 2003)
KY2347	MG1655 Δ(clpXP-lon)1169::cat	Laborsammlung
RH90	MC4100 rpoS359::Tn10	(Lange & Hengge-Aronis, 1991)
RO151a	MC 4100 f(osmY(csi-5::lacZ)(λplacMu55)	(Lange et al., 1993)
SUB26	MC4100 evgA::cat	Laborsammlung
JK14	MC4100 (λRS45:otsB(-)238 bis otsB264::lacZ)	Laborsammlung
JK86	MC4100 (λRS45:gadA(-)281 bis gadA138::lacZ)	(Weber et al., 2005)
JK87	MC4100 (λRS45:gadB(-)231 bis gadB138)::lacZ)	(Weber et al., 2005)
JK88	JK86 rssB::Tn10	diese Arbeit
JK89	JK87 rssB::Tn10	diese Arbeit
JK90	JK86 clpP1::cat	diese Arbeit
JK91	JK87 clpP1::cat	diese Arbeit
JK92	JK86 clpP1::cat rssB::Tn10	diese Arbeit
JK93	JK87 clpP1::cat rssB::Tn10	diese Arbeit
JH19	MC4100 gadE::kan	diese Arbeit
JH20	MC4100 gadW::kan	diese Arbeit
JH34	MC4100 ΔgadX	diese Arbeit
JH43	MC4100 Δ(clpXP-lon)1169::cat	diese Arbeit
JH44	HW113 lon::Tn10	diese Arbeit
JH46	JK14 lon::Tn10	diese Arbeit
JH47	KS7 lon::Tn10	diese Arbeit
JH49	JK86 lon::Tn10	diese Arbeit
JH50	JK87 lon::Tn10	diese Arbeit
JH52	RO151a lon::Tn10	diese Arbeit
JH53	MC4100 gadE::kan clpP1::cat	diese Arbeit
JH54	FI1202 clpP1::cat	diese Arbeit
JH55	FI1202 lon::Tn10	diese Arbeit
JH67	MC4100 ΔgadE	diese Arbeit
JH68	MC4100 gadE::kan lon::Tn10	diese Arbeit
JH69	MC4100 gadE::kan Δ(clpXP-lon)1169::cat	diese Arbeit
JH81	HW113 clpP1::cat	diese Arbeit
JH82	HW113 gadW::kan	diese Arbeit
JH83	JK86 gadW::kan	diese Arbeit
JH84	JK87 gadW::kan	diese Arbeit
JH85	MC4100 ydeO::kan	diese Arbeit
JH86	MC4100 (λRS45:gadW(-)318 bis gadW33)::lacZ)	diese Arbeit
JH87	HW113 rssB::Tn10	diese Arbeit
JH88	HW113 rssB::Tn10 clpP1::cat	diese Arbeit
JH89	JK86 rssB::Tn10 clpP1::cat gadW::kan	diese Arbeit
JH90	JK87 rssB::Tn10 clpP1::cat gadW::kan	diese Arbeit
JH91	JK86 rssB::Tn10 gadW::kan	diese Arbeit
JH92	JK87 rssB::Tn10 gadW::kan	diese Arbeit
JH93	HW113 rssB::Tn10 clpP1::cat gadW::kan	diese Arbeit
JH103	JK86 gadE::kan	diese Arbeit

Material und Methoden

JH104	JK86 gadX::cat	diese Arbeit
JH105	JK87 gadE::kan	diese Arbeit
JH106	JK87 gadX::cat	diese Arbeit
JH107	MC4100 [λRS45:slp(-)463 bis slp14::lacZ (hybr.)]	diese Arbeit
JH108	JH107 gadE::kan	diese Arbeit
JH109	JH107 gadX::cat	diese Arbeit
JH110	JH107 gadW::kan	diese Arbeit
JH111	HW113 gadE::kan	diese Arbeit
JH112	HW113 lon::Tn10 gadW::kan	diese Arbeit
JH113	HW113 lon::Tn10 gadE::kan	diese Arbeit
JH115	HW113 ydeO::kan	diese Arbeit
JH116	HW113 ydeO::kan rssB::Tn10	diese Arbeit
JH117	HW113 ydeO::kan rssB::Tn10 clpP1::cat	diese Arbeit
JH118	JK86 ydeO::kan	diese Arbeit
JH119	JK87 ydeO::kan	diese Arbeit
JH120	JK86 ydeO::kan rssB::Tn10	diese Arbeit
JH121	JK87 ydeO::kan rssB::Tn10	diese Arbeit
JH122	JK86 ydeO::kan rssB::Tn10 clpP1::cat	diese Arbeit
JH123	JK87 ydeO::kan rssB::Tn10 clpP1::cat	diese Arbeit
JH126	JK87 rssB::Tn10 gadX::cat	diese Arbeit
JH127	HW113 gadX::cat	diese Arbeit
JH128	JK87 rssB::Tn10 ΔgadX	diese Arbeit
JH129	HW113 rssB::Tn10 gadW::kan	diese Arbeit
JH130	JK87 rssB::Tn10 ΔgadX clpP1::cat	diese Arbeit
JH131	HW113 rssB::Tn10 gadX::cat	diese Arbeit
JH132	HW113 evgA::cat	diese Arbeit
JH133	JK87 evgA::cat	diese Arbeit
JH134	HW113 rpoS359::Tn10	diese Arbeit
JH135	JK87 rpoS359::Tn10	diese Arbeit
JH136	HW113 rssB::Tn10 ΔgadX	diese Arbeit
JH137	JH107 ydeO::kan	diese Arbeit
JH138	HW113 rssB::Tn10 ΔgadX clpP1::cat	diese Arbeit
JH140	JH107 rpoS359::Tn10	diese Arbeit
JH141	JH107 evgA::cat	diese Arbeit
JH142	MC4100 rpoS359::Tn10 gadE::kan	diese Arbeit
JH143	MC4100 gadE::kan gadX::cat	diese Arbeit
JH144	MC4100 [λRS45:gadX(-)176 bis gadX29::lacZ (hybr.)]	diese Arbeit
JH145	JH144 gadE::kan	diese Arbeit
JH146	JH144 rpoS359::Tn10	diese Arbeit
JH147	JH144 rssB::Tn10	diese Arbeit
JH148	JH144 gadW::kan	diese Arbeit
JH149	JH144 ydeO::kan	diese Arbeit
JH150	JH144 clpP1::cat	diese Arbeit
JH151	JH144 clpP1::cat rssB::Tn10	diese Arbeit
JH152	MC4100 ydeO::kan clpP1::cat	diese Arbeit
JH153	MC4100 ydeO::kan lon::Tn10	diese Arbeit
JH154	MC4100 gadY::kan	diese Arbeit
JH156	MC4100 ΔydeO	diese Arbeit
JH157	MC4100 gadE::kan dsrA1::cat	diese Arbeit
JH158	JK87 gadE::kan gadX::cat	diese Arbeit
JH159	JK86 gadE::kan gadX::cat	diese Arbeit
JH160	JH107 gadE::kan gadX::cat	diese Arbeit
JH161	MC4100 [λRS45:gadE(-)774 bis gadE45::lacZ(hybr)]	diese Arbeit
JH162	JH161 gadE::kan	diese Arbeit
JH163	JH144 gadX::cat	diese Arbeit
JH164	MC4100 dsrA1::cat	diese Arbeit
JH165	JH161 evgA::cat	diese Arbeit
JH166	JH161 rpoS359::Tn10	diese Arbeit

JH167	JH161 *ydeO*::kan	diese Arbeit
JH168	JH161 *gadW*::kan	diese Arbeit
JH170	JH161 *gadX*::cat *rpo*S359::Tn*10*	diese Arbeit
JH171	JH161 *lon*::Tn*10*	diese Arbeit
JH172	JH161 *rssB*::Tn*10*	diese Arbeit
JH173	JH161 *rssB*::Tn*10 ydeO*::kan	diese Arbeit
JH174	JH161 *clpP*1::cat *rssB*::Tn*10*	diese Arbeit
JH175	JH161 *clpP*1::cat *rssB*::Tn*10 ydeO*::kan	diese Arbeit
JH176	JH107 *gadX*::cat *rpo*S359::Tn*10*	diese Arbeit
JH177	JH144 *clpP*1::cat *rssB*::Tn*10 ydeO*::kan	diese Arbeit
JH178	GB117 *lon*::Tn*10*	diese Arbeit
JH179	JH144 *rssB*::Tn*10 ydeO*::kan	diese Arbeit

4. Ergebnisse

4.1 Globale Suche nach durch Proteolyse regulierten Regulons mittels DNA Microarray-Analyse

Die Bedeutung der Proteolyse als regulatorischer Mechanismus in Prokaryoten ist mittlerweile unumstritten (Jenal & Hengge-Aronis, 2003). Einzelne Fälle von Proteolyseregulation wurden bereits detailliert beschrieben. Um weitere Proteasesubstrate, die regulatorische Auswirkung haben, zu finden, gibt es verschiedene Möglichkeiten, wobei ein Problem ist, dass Regulatoren nur in geringer zellulärer Konzentration vorhanden sind und daher mit direkten Gelfärbeverfahren oft nicht nachzuweisen sind.

Daher wird hier ein indirekter Ansatz verfolgt, bei welchem global die Expressionsstärke aller Gene von *Escherichia coli* mittels DNA Microarray-Analyse im MC4100 Wildtypstamm im Vergleich zu den isogenen ClpP- und Lon-Deletionsmutanten untersucht wird. Abweichungen in der Expressionsstärke von mehreren Genen eines Regulons geben damit einen Hinweis auf den Abbau des entsprechenden Regulators durch die entsprechende Protease.

Als Bedingung zur Probennahme wählten wir die logarithmische Wachstumsphase (Minimalmedium M9 mit 0,1% Glucose als Kohlenstoffquelle). In dieser Phase werden bekanntermaßen einige Regulatoren, wie zum Beispiel auch σ^S, die erst unter Stressbedingungen bzw. in der stationären Phase benötigt werden, auf der einen Seite zwar synthetisiert, aber auch schnell wieder abgebaut. Die Zelle ermöglicht es so, bei plötzlicher Stressexposition durch Stabilisierung des Regulators eine schnelle Antwort erfolgen zu lassen. Gerade in dieser Nicht-Stress-Situation ist also zu erwarten, dass die Proteolyse ihre besondere Funktion in der Genregulation entfaltet.

4.1.1 Die ClpP Protease zeigt einen positiven Effekt auf die *gad/hde* Gene des Säurestressregulons.

Bei der Untersuchung des globalen Einflusses der ClpP Protease auf die Regulation von Genen begegnen wir der Schwierigkeit, dass σ^S selbst von der ClpXP Protease abgebaut wird. Dadurch ist zu erwarten, dass ein Grossteil des σ^S-Regulons in *clpP*$^{+/-}$ als differenziell reguliert sichtbar würde, welches etwa 10% des gesamten *Escherichia coli* Genoms umfasst (Weber H. *et al.*, 2005). Die mögliche ClpP-Abhängigkeit von Regulatoren von σ^S-Subregulons würde dadurch kaschiert. Daher wurde das gesamte Experiment mit der ClpP Mutante im *rssB*⁻ Hintergrund durchgeführt. Der Response Regulator RssB ist essentiell und spezifisch für den σ^S-Abbau, weil er σ^S der ClpP Protease

Ergebnisse

zuführt (Pratt & Silhavy, 1996, Muffler et al., 1996). Es sind bislang keine weiteren Targets von RssB bekannt. Im $rssB^-$ Hintergrund in M9/Glucose Medium bei logarithmischem Wachstum ist σ^S mit unveränderlicher, leicht erhöhter zellulärer Konzentration vorhanden.

Für die Transkriptomanalyse wurden Proben der Stämme MC4100 $rssB^-$ und MC4100 $rssB^-$ $clpP^-$ bei $OD_{578}=0,5$ - also in der logarithmischen Wachstumsphase in M9 + 0,1% Glucose entnommen.

Da für die Auswertung aus gerade beschriebenen Gründen essentiell ist, dass der σ^S-Spiegel in den zu vergleichenden Stämmen gleich hoch ist, wurde mit denselben Proben, die zur RNA Präparation verwendet wurden auch ein Westernblot mit σ^S-Immunodetektion durchgeführt (Abbildung 4.1).

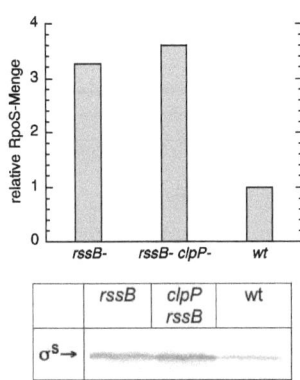

Abbildung 4.1: Die zelluläre σ^S-Menge ist in den Proben für die DNA Microarray-Studien ($rssB^-$ und $rssB^-$ $clpP^-$ in M9 + 0,1% Glucose, logarithmische Phase) gleich hoch.
Westernblot mit σ^S-Antikörper. Mittelwerte aus drei biologisch unabhängigen Experimenten.

Tatsächlich ist keine signifikante Abweichung im σ^S-Gehalt zwischen den für die Microarrays verwendeten Stämmen zu beobachten.

Es wurden drei Microarrays ausgewertet und dabei nur Spots mit einer Signal-Intensitäten ausgewählt, die mindestens dreifach über dem Hintergrundrauschen lag (Signal-to-Noise-Ratio>3), und nur Gene, welche in allen 3 Microarrays als mindestens zweifach differenziell reguliert auftauchten (genaueres zur Datenanalyse in Material und Methoden).

Tabelle 4.1: (Nächste Seite) Mehr als 2 fach differenziell regulierte Gene in $clpP^-$ in $rrsB^-$ Hintergrund.
Die Ratio ist der relative mRNA-Spiegel in $clpP^-/clpP^+$; Alle Ratios stellen die Durchschnittswerte aus drei biologisch unabhängigen Microarray-Analysen dar. Probennahme erfolgte in Zellen, die auf M9/0,1% Glucose auf $OD_{578}=0,5$ gewachsen waren (sich also in der logarithmischen Wachstumsphase befanden).

Gen	Ratio	Genprodukt
Gene, die in der *clpP* Mutante reduziert exprimiert sind		
Säurestressantwort, GadE und σ^S -abhängig		
gadA/B	0.232	Glutamat Dekarboxylase Isozym
gadC	0.188	Glutamat-GABA Antiporter
hdeB	0.246	Säurestresschaperon
Zelloberflächenstrukturen		
fimD	0.342	Hauptuntereinheit der Typ 1 Fimbrien
flgA	0.270	Flagellenbiosynthese; Zusammenbau des periplasmatischen P Ring Basalkörpers
Regulatoren		
hcaR	0.416	HcaR Transkriptionsregulator, negative Autoregulation, Aktivator des 3-Phenylproprionat Katabolismus
htgA	0.243	Positiver Regulator der Sigma 32 Hitzeschockantwort
sdiA	0.334	Transkriptionsregulator des ftsQAZ Gencluster
Phagenbezogen		
rzpR	0.182	vermutlich Prophage Lambda Endopeptidase
Membranlokalisation		
proV	0.202	ATP-bindende Komponente des Transportsystems für Glycin, Betain und Prolin
tauB	0.377	Taurin ATP-bindende Komponente des Transportsystems
Metabolismus		
frc	0.234	Formyl-CoA Transferase Monomer
Anaerobe Atmung		
nrfA	0.441	Untereinheit des Nitritreduktasekomplexes
pflD	0.485	Format Acetyltransferase 2
Nicht klassifiziert		
ybfB	0.297	vermutlich Innenmembranprotein
ycbQ	0.341	vermutlich fimbrienähnliches Adhäsionsprotein
ydaT	0.462	Hypothetisches Protein, in Operon mit rzpR
ydfA	0.210	Qin Prophage, vermutliches Protein
ydfQ	0.318	Qin Prophage, vermutliches Lysozym
ydiP	0.274	vermutlicher DNA-bindender Transkriptionsregulator AraC Typ
ydjF	0.236	vermutlicher DNA-bindender Transkriptionsregulator DeoR Typ
yfbL	0.364	vermutliche Peptidase
yfhR	0.473	vermutliche Peptidase
ygeW	0.219	vermutliche Carbamoyl Transferase
ygiS	0.328	vermuliches periplasmatisches Transport Protein
ygjI	0.304	APC Transporter
yjgL	0.299	vermutliches Protein
yjhC	0.296	KpLE2 Phagenähnliches Element; vermutliche Oxidoreduktase
yjiY	0.143	vermutlich Innenmembranprotein
ynfH	0.336	vermutliche DMSO Reduktase Anker Untereinheit
Gene, die in der *clpP* Mutante verstärkt exprimiert sind		
mopB	2.395	Untereinheit GroES Chaperon
narV	2.164	kryptische Nitratreduktase 2, gamma Untereinheit
nohA	2.266	Qin Prophage Packprotein NU1
ybeL	2.815	vermutliches alpha-helikales Protein
ydcN	3.070	vermutlicher DNA-bindender Transkriptionsregulator
ygeQ	2.676	vermutliches Protein
yqhD	3.092	NADP-abhängige Alkoholdehydrogenase

Ergebnisse

In dieser Situation zeigten sich insgesamt 37 Gene als ClpP-abhängig reguliert, davon nur sieben hochreguliert, also ist die Mehrzahl der differenziell regulierten Gene vermindert im *clpP*⁻ Hintergrund. Neben dem Befund, dass überraschend wenige Gene differenziell reguliert sind, ist ausserdem auffällig, dass die Ratios moderat sind, diese bewegen sich höchstens im Bereich 3 bis 7 fach. Etwa die Hälfte der identifizierten Gene sind y*** Gene, zu denen ausser einigen Funktionsvorhersagen nichts genaueres bekannt ist, insbesondere nichts zu ihrer Regulation.

Die einzige sehr auffällig koregulierte Gruppe von Genen ist das Säurestress-induzierte *gad/hde* Regulon, welches mit den Vertretern *gadA/BC* und *hdeB* Expressionsstärken von etwa 4 bis 5 facher Reduktion im *clpP*⁻ Hintergrund zeigt. Die ClpP Protease hat also einen positiven Effekt auf das Säurestressregulon und man kann daraus schließen, dass dieser Effekt möglicherweise durch den Abbau eines Repressors dieser Gene zustande kommt, welcher von ClpP abgebaut werden kann. Durch das Fehlen der ClpP Protease wird er stabilisiert und entfaltet seine repressorische Wirkung.

4.1.2 Globaler Einfluss der Lon Protease auf das Transkriptom von *Escherichia coli*

Es ist zu erwarten, dass die Effekte auf Transkriptomebene in einer *lon* Mutante im Vergleich zum Wildtypstamm sehr groß sind. *Lon* Mutanten haben bereits eine auffallende Wachstumsverzögerung, wie in Abbildung 4.2 zu sehen ist. Die Verdopplungszeit beträgt bei ihnen etwa 67 min, während sie im MC4100 Wildtyp ungefähr 55 min beträgt. Darüberhinaus ist die *lon* Mutante stark schleimend, wegen der stark ansteigenden Kapselpolysaccharid-Synthese, denn Lon degradiert RcsA, den zentralen Aktivator der Kapselsynthesegene.

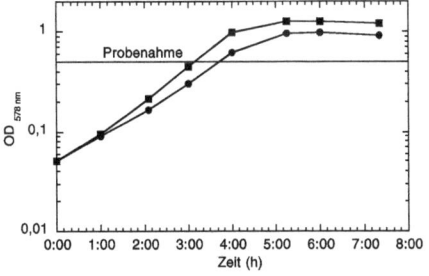

Abbildung 4.2: Die *lon* Mutante hat ein verlangsamtes Wachstum. Wachstumskurven von *Escherichia coli* MC4100 (Quadrate) und der isogenen *lon* Mutante (Kreise). M9 + 0,1% Glucose.

Die Proben wurden also wiederum während der logarithmischen Wachstumsphase genommen, zeitversetzt, da die *lon* Mutante länger brauchte, um die entsprechende optische Dichte zu erreichen (Abbildung 4.2). Es wurden drei Microarrays gemacht mit biologisch unabhängigen Proben, die Spots wiederum selektiert auf eine Signal-to-Noise Ratio von mindestens 3fach über dem Hintergrund und einer mindestens zweifach differenziellen Intensitätsstärke. Gene, die in allen 3 Arrays die genannten Kriterien erfüllten. Sie sind mit ihrer durchschnittlichen Ratio in Tabelle 4.2 aufgelistet.

Insgesamt sind 106 Gene mindestens zweifach erhöht in der *lon* Mutante und 70 zeigen verminderte Expression. Die Ratios sind teilweise sehr hoch, bis zu 180 fach, vor allem das Gen-Cluster der Kapselpolysaccharid-Synthese ist extrem hochreguliert im *lon*⁻ Hintergrund, was eine interne Verifizierung dieses experimentellen Ansatzes zur Identifizierung von Proteasesubstraten durch Transkriptomanalyse darstellt. Herunterreguliert werden die Gene nur maximal 5 fach in der *lo*⁻ Mutante.

Es zeigten sich viele σ^S-abhängige Gene mit erhöhten Werten in der *lon*⁻ Mutante, auch das *rpoS* Gen selbst sowie das stromaufwärts davon gelegene und teilweise koregulierte *nlpD* Gen haben Ratios von über 2. Natürlich liegt die Vermutung nahe, dass der σ^S-Gehalt aufgrund des pleiotropen Wachstumsdefektes bei Deletion der Lon Protease ansteigt. Jedoch lässt sich feststellen, dass dies nicht der Fall ist, wie man in Abbildung 4.4 (im nächsten Kapitel) sehen kann. Aus diesem Befund - keine Erhöhung des σ^S-Gehaltes, aber Erhöhung der Expressionsaktivität vieler σ^S-abhängiger Gene - lassen sich nun verschiedene Hypothesen ableiten. Einmal könnte es sich um einen multiplen Effekt handeln, nämlich dass die Lon Protease verschiedene Subregulatoren des σ^S-Regulons abbaut. Zum anderen könnte es sein, dass die Lon Protease zwar nicht die Synthese, jedoch die Aktivität von σ^S negativ beeinflusst. Auf diese Fragestellung wird in Abschnitt 4.1.2.1 experimentell näher eingegangen.

Das Gad/Hde Säurestressregulon, welches ebenfalls von σ^S reguliert ist, zeigt sich deutlich als koregulierte Gengruppe mit hohen Ratios. Auch kann von den zwei oben genannten Hypothesen ausgegangen werden. Die Tatsache, dass dieses Regulon einmal in den ClpP$^{+/-}$-Arrays und zum anderen in den Lon$^{+/-}$-Arrays mit so hoher Signifikanz auftaucht, machte es interessant, um den Einfluss der Proteolyse auf dieses System im Detail weiter zu untersuchen. Im folgenden wurde das Säurestressregulon rekonstruiert, indem LacZ-Reportergenfusionen zu den wichtigen Effektor- und Regulatorgenen hergestellt wurden und Antikörper zu den Schlüsselregulatoren in der Kaskade.

Tabelle 4.2: Mehr als 2fach differenziell regulierte Gene in *lon*⁻.
Die Ratio ist der relative mRNA Spiegel *lon*⁻/*lon*⁺; Alle Ratios stellen die Durchschnittswerte aus drei biologisch unabhängigen Microarray-Analysen dar. Probennahme erfolgte in Zellen, die auf M9/0,1% Glucose auf OD$_{578}$=0,5 gewachsen waren (sich also in der logarithmischen Wachstumsphase befanden).

Gen	Ratio	Genprodukt
Gene, die in der *lon* Mutante verstärkt exprimiert sind		
Kapselpolysaccharid Synthese, nachgewiesene RcsA-Kontrolle		
wcaB	25.086	vermutliche Transferase
wza	28.266	Außenmembran Hilfsprotein, vermutliches Polysaccharide Exportprotein
wzb	12.840	wahrscheinlich Protein-Tyrosine-Phosphatase
wzc	26.191	Tyrosin Kinase involviert in die Colansäure Biosynthese
Weitere Kapselgene		
cpsB	31.832	Mannose-1-Phosphat Guanyltransferase
cpsG	31.320	Phosphomannomutase

Ergebnisse

galU	7.818	Glucose-1-Phosphat Uridylyltransferase
gmd	70.328	GDP-D-Mannose Dehydratase
ugd	58.705	UDP-Glucose 6-Dehydrogenase
wcaD	181.172	vermutlich Colansäure Polymerase
wcaF	31.027	vermutliche Transferase
wcaG	62.985	vermutliche Nukleotid di-P-Zucker Epimerase oder Dehydratase
wcaI	3.493	vermutliche Colansäure Biosynthese Glykosyltranseferase
wcaJ	17.536	vermutliche Colansäure Biosynthese UDP-Glucose Lipidträger Transferase
wcaL	16.487	vermutliche Colansäure Biosynthese Glykosyltransferase
wcaM	60.707	Hypothetisches Protein
wzxC	5.263	wahrscheinlich Exportprotein
SOS Antwort		
lexA	2.628	Regulator für SOS (LexA) Regulon
recA	3.513	DNA Strangaustausch und Rekombinationsprotein, mit Protease und Nuklease Aktivität
uspE	4.212	Universelles Stressprotein mit Rolle bei der UV Resistenz
Generelle Stressantwort, σ^S-abhängig		
cpxP	2.563	Regulator der Cpx Antwort und möglicherweise Chaperon invoiviert in Resistenz gegen extracytoplasmatischen Stress
dps	12.242	Stationärphase Nukleoid Protein das Eisen sequestriert und DNA vor Schäden schützt und
elaB	5.860	Konserviertes Protein
gadA/B	16.751	Glutamat Dekarboxylase Isozym
gadC	7.458	Glutamat-GABA Antiporter
gadE	4.686	Transkriptionsaktivator
hdeA	6.846	Säureresistenzprotein, möglicherweise Chaperon
hdeB	6.221	Säurestresschaperon
hdeD	5.618	Säureresistenz Membranprotein
himA	2.885	alpha UE von IHF
katE	8.130	Katalase; Hydroperoxidase HPII(III)
ldcC	2.469	UE der Lysin Dekarboxylase 2
mscS	2.240	Kleiner Mechanosensitiver Ionen Kanal
msyB	2.765	Saures Protein unterdrückt Mutanten, denen Funktionen des Proteinexport fehlen
ompA	2.391	Außenmembranprotein 3a (II*;G;d)
osmC	5.513	Osmotisch induzierbares Protein
osmY	6.976	Hyperosmotisch induzierbares periplasmisches Protein
otsA	3.162	Trehalose-6-Phosphat Synthase
otsB	10.723	Trehalose-6-Phosphat Phophatase
poxB	3.314	Pyruvate Oxidase
slp	5.205	Außenmembranprotein induziert nach Kohlenstoffmangel
sodC	3.396	Superoxid Dismutase Vorläufer (Cu-Zn)
yaeR	3.070	Wahrscheinlich Lyase
yaiA	3.377	Wahrscheinliches Protein
ybdK	2.313	Gamma-Glutamyl:Cystein Ligase
ybdR	6.531	Wahrscheinliche Oxidoreduktase, Zn-abhängig und NAD(P)-bindend
ybgS	30.182	Möglicherweise Homöobox Protein
ybiO	2.639	Wahrscheinlich mechanosensitiver Kanal
ycaP	3.008	Konserviertes hypothetisches Protein
yccJ	2.247	Wahrscheinliches Protein
yciG	4.976	Wahrscheinliches Protein
yegP	2.445	Wahrscheinliches Protein
ygdI	3.427	Möglicherweise Lipoprotein
yghA	3.627	Wahrscheinlich Glutathionylspermidine Synthase, mit NAD(P)-bindender

Ergebnisse

		Rossmann-Faltungs Domäne
yhbW	3.256	Konserviertes Protein
yhhA	3.398	Konserviertes Protein
yjbJ	4.650	Wahrscheinlich Stressantwort Protein
ytfK	6.302	Konserviertes Protein
Sonstige Schutz/Stress Gene		
bacA	3.543	Undecaprenyl Diphosphatase; Bacitracin Resistenz
yeaE	7.465	Methylglyoxal Reduktase
Membranlokalisiert		
cydB	2.639	Cytochrom d terminale Oxidase Polypeptid UE II
mltD	4.857	Membrangebundene lytische Murein Transglykosylase
nlpD	2.233	Vermutliches Außenmembran Lipoprotein
tdcC	4.854	TdcC Threonin STP Transporter
vacJ	2.859	Lipoprotein Vorläufer
yadG	2.516	UE des YadG/YadH ABC Transporter
yiaB	13.756	Konserviertes Innenmembranprotein
Biofilmbildung		
bdm	2.206	Biofilm-abhängiges Modulationsprotein
bssS	6.108	Regulator der Biofilmbildung
Phagenbezogen		
pspA	2.999	Regulatorisches Protein für das Phagenschock Protein Operon
pspB	3.121	stimuliert PspC vermittelte Transkriptionsaktivierung des psp Operons, Antitoxin des PspC-PspB Toxin-Antitoxin Paares
yfjK	3.096	CP4-57 Prophage; konserviertes Protein
Transkriptionsregulatoren		
rpoS	2.849	RNA Polymerase, Sigma S UE, Generelle Stressantwort
slyA	6.077	Transkriptionsaktivator
metR	3.682	Transkriptionsregulator
Chaperone		
mopA	2.444	GroEL, Chaperone Hsp60, Peptid-abhängige ATPase, Hitzeschockprotein
mopB	3.484	GroES, 10 Kd Chaperon bindet an Hsp60 in Gegenwart von Mg-ATP, unterdrückt seine ATPase Aktivität
clpB	4.198	Chaperon
Translation		
sra	2.375	30S ribosomale UE S22
pheT	2.967	Phenylalanine tRNA Synthetase, beta UE
Kohlenstoffverwertung		
agaS	6.250	Vermutliche Tagatose-6-Phosphat Aldose/Ketose Isomerase
fbaB	3.876	UE der Fruktose Bisphosphat Aldolase Klasse I
galF	2.902	UE der Glucose-1-Phosphat Uridylyltransferase
galU	7.818	Glucose-1-Phosphat Uridylyltransferase
manA	3.026	Mannose-6-Phosphat Isomerase
ucpA	2.331	Wahrscheinlich Oxidoreduktase, Sulfatmetabolismusprotein
Weitere Metabolismusgene		
nrdF	2.279	UE der Ribonukleosid-Diphosphat Reduktase 2
sseA	2.597	3-Mercaptopyruvate:Cyanid Sulfurtransferase
talB	3.305	Transaldolase B
Nicht klassifiziert		
yajD	3.505	Konserviertes Protein
ybfA	3.123	Wahrscheinliches Protein
ybiS	2.193	Konserviertes Protein
ycbC	3.583	Konserviertes Innenmembran Protein
ycdF	2.507	Wahrscheinliches Protein

Ergebnisse

ycfJ	6.371	Hypothetisches Protein
ychO	3.868	Wahrscheinlich Invasin
ydhX	2.260	Wahrscheinlich 4Fe-4S Ferredoxin-typ Protein
yfbR	7.606	Deoxyribonucleoside 5'-Monophosphat Phosphatase
yfdC	8.147	Wahrscheinliches Innenmembranprotein
nudK	7.352	UE der Nukleotide-Zucker Hydrolase
ygdR	10.745	Wahrscheinliches Protein
yjbE	73.925	Wahrscheinliches Protein
yjbF	54.581	Wahrscheinliches Lipoprotein
yjbG	28.247	Konserviertes Protein

Gene, die in der *lon* Mutante reduziert exprimiert sind		
TCA Zyklus/Anaerobe Atmung, ArcA und FNR reprimiert		
narX	0.477	Nitrat Sensor, Histidine Proteinkinase, agiert an NarL Regulator
gltA	0.408	Citrat Synthase
icdA	0.480	Isocitrat Dehydrogenase, spezifisch für NADP+
nuoC	0.490	NADH Dehydrogenase I
nuoH	0.491	NADH Dehydrogenase I
sdhA	0.373	UE d. katalytischen Unterkomplexes der Succinat Dehydrogenase
sdhC	0.297	Succinat Dehydrogenase, Cytochrom b556
sdhD	0.428	Succinat Dehydrogenase, hydrophobische UE
sucA	0.387	2-Oxoglutarat Dehydrogenase
sucB	0.498	2-Oxoglutarat Dehydrogenase
sucC	0.309	Succinyl-CoA Synthetase, beta UE
sucD	0.319	Succinyl-CoA Synthetase, alpha UE
Eisenaufnahme, Fur reprimiert		
entE	0.372	2,3-dihydroxybenzoat-AMP Ligase
fiu	0.315	mutmaßlicher Außenmembran Rezeptor für Eisentransport
ybdB	0.470	Esterase, in Operon mit *entE*
Zellwandsynthese		
ftsI	0.291	Septumaufbau; Penicillin-bindendes Protein 3; Peptidoglycan Synthetase
glmS	0.485	L-Glutamin:D-Fruktose-6-Phosphat Aminotransferase
dgkA	0.443	Diacylglycerin Kinase
mdoC	0.481	Protein zur Succinyl Modifikation des osmoregulierten periplasmatischen Glukans, osmoinduziert
rffH	0.364	Glucose-1-Phosphat Thymidylyltransferase
rffT	0.473	TDP-Fuc4NAc:lipidII Transferase; Synthese des enterobacterial common antigen (ECA)
Membran lokalisiert		
atpF	0.488	Membran-gebundene ATP Synthase, F0 sector, UE b
hflD	0.260	vermutlich Lysogenisierungs Regulator
ompF	0.445	Außenmembranprotein 1a (Ia;b;F)
pntA	0.365	Pyridin Nukleotid Transhydrogenase, alpha UE
Nukleotid/Nukleosid Konversion		
apt	0.466	Adenin Phosphoribosyltransferase
ndk	0.307	Nukleosid Diphosphat Kinase
Aminosäure Synthese		
aroD	0.315	3-Dehydroquinat Dehydratase
asd	0.201	Aspartat-Semialdehyd Dehydrogenase
hisD	0.480	L-Histidinal:NAD+ Oxidoreduktase; L-Histidinol:NAD+ Oxidoreduktase
hisI	0.446	Phosphoribosyl-AMP Cyklohydrolase; Phosphoribosyl-ATP Pyrophosphatase
ilvM	0.450	Acetolaktat Synthase II, Valine insensitiv, kleine UE
leuC	0.375	3-Isopropylmalate Isomerase (Dehydratase) UE

livK	0.500	hoch-affines Leucine-spezifisches Transportsystem; periplasmisches Bindeprotein
thiM	0.424	Hydoxyethylthiazol Kinase
thrA	0.413	Aspartokinase I, Homoserin Dehydrogenase I
thrB	0.472	Homoserin Kinase
thrL	0.381	1. Peptid im *thr* Operon
trpD	0.448	Anthranilat Synthase Komponente II, Glutamin Amidotransferase und Phosphoribosylanthranilat Transferase
trpE	0.285	Anthranilat Synthase Komponente I
speE	0.444	Spermidin Synthase = Putrescin Aminopropyltransferase
Translation		
metG	0.453	Methionin tRNA Synthetase
rplI	0.494	50S Ribosomal UE protein L9
DNA Replikation		
holE	0.410	DNA Polymerase III, theta UE
dfp	0.475	UE der P-Pantothenate Cysteine Ligase / P-Pantothenoylcysteine Decarboxylase
Weitere		
bcp	0.441	Bakterioferritin Comigrationsprotein; Thiol Peroxidase
borD	0.412	Bakteriophage Lambda Bor Protein Homolog
cybB	0.376	Cytochrom b(561)
pfkA	0.341	6-Phosphofruktokinase I
modF	0.478	ATP-bindende Komponente des Molybdän Transportsystemes
Nicht klassifiziert		
yafK	0.360	konserviertes Protein; in enteroaggregativen *E. coli* wird YafK für Biofilmbildung benötigt
ybhL	0.357	vermutliches Transportprotein
ybiB	0.456	vermutliche Transferase/Phosphorylase
ybiI	0.469	hypothetisches Protein; in Operon mit *ybiX*
ybiX	0.347	vermutliches Enzym
yeaK	0.250	hypothetisches Protein
yedE	0.236	vermutliches Innenmembranprotein
yedF	0.456	konserviertes hypothetisches Protein; bindet vielleicht RNA
yedX	0.363	hypothetisches Protein
yeeN	0.480	hypothetisches Protein
yfjF	0.342	hypothetisches Protein
yfgM	0.471	hypothetisches Protein
yhbJ	0.331	vermutliche P-loop enthaltende ATPase
yigI	0.474	hypothetisches Protein
ynfB	0.387	hypothetisches Protein
yniC	0.442	2-DeoxyGlucose-6-Phosphatase
yqaB	0.339	Fruktose-1-Phosphatase
yqiG	0.205	vermutliches Membranprotein

4.1.2.1 Lon reprimiert zahlreiche σ^S-abhängige Gene, hat aber keinen Einfluss auf σ^S-Gehalt oder Aktivität

In den $lon^{+/-}$-Microarrays sieht man eine deutlich Häufung σ^S-abhängiger Gene, die in der lo^- Mutante stärker exprimiert sind. Zur Bestätigung dieser Daten wurde mit LacZ-Reportergen-Fusionsstämmen σ^S-abhängiger Gene die Expressionsstärke unter den gleichen Bedingungen wie die der Microarray-Studie (M9 + 0,1% Glucose, $OD_{578}=0,5$) untersucht (Abbildung 4.3).

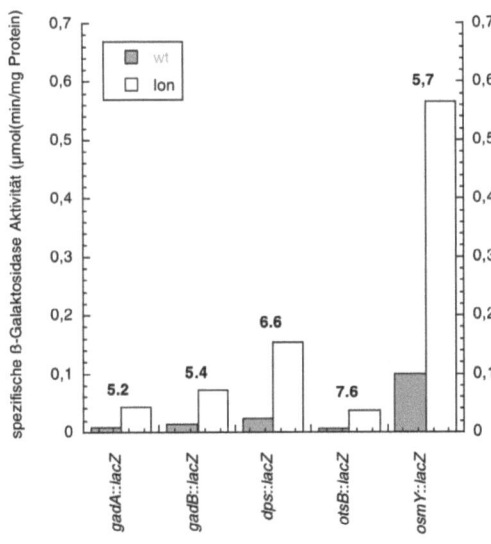

Abbildung 4.3: Die Expression σ^S-abhängiger Gene (gadA, gadB, dps, otsB, osmY) ist im lon^- Hintergrund stark erhöht.
ß-Galaktosidase Studie von Genpromotoren, die fusioniert sind zu LacZ in Form einer transkriptionalen Fusion. Werte sind Mittelwerte aus zwei biologisch unabhängigen Experimenten.
M9 + 0,1% Glucose; $OD_{578}=0,5$
Über den Säulen stehende Zahlen zeigen die Ratios lon^-/lon^+ an.

Alle untersuchten σ^S-abhängigen Gene sind im lon^- Hintergrund mit ähnlichen Ratios wie denen in den Microarrays hochreguliert. Im Falle von *gadA* und *gadB* muss beachtet werden, dass diese beiden hoch homologen Gene nur mit einem Spot auf den Arrays vertreten sind, das heisst, dass sich ihre Ratios mitteln. Die LacZ-Fusionsstudien bestätigen also die Microarray-Ergebnisse.

Da auch das *rpoS* Gen etwa 2 fach erhöht ist im lon^- Hintergrund, wurden zunächst der zelluläre σ^S-Gehalt unter den Bedingungen der Microarray Probennahme untersucht, also logarithmische Phase in M9 Medium mit 0,1% Glucose (Abbildung 4.4). Offensichtlich ist der Gehalt von σ^S nicht erhöht, d.h. es ist nicht der σ^S-Gehalt, der die verstärkte Expression σ^S-abhängiger Gene hervorruft.

Es ist denkbar, dass Lon zwar nicht den Gehalt von σ^S beeinflusst, allerdings seine Aktivität. Vor allem bei σ^S bedeutet Vorhandensein nicht zwingenderweise auch Aktivität. Aktivität von σ^S bedeutet in erster Linie erfolgreiche Kompetition um das Kernenzym der RNA Polymerase, welches in dieser

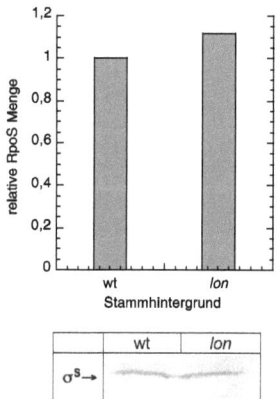

Abbildung 4.4: Der zelluläre σ^S-Gehalt ist in der *lon* Mutante nicht höher als im wt.
MC4100 *lon*$^{+/-}$, Probenahme in M9 + 0,1% Glucose, OD_{578}=0,5. Westernblot mit Anti-σ^S. Quantifizierung und Mittelwert von zwei biologisch unabhängigen Experimenten.

Situation vor allem besetzt ist von σ^{70}. Ein Faktor, der das Gleichgewicht von $E\sigma^{70}$ zu $E\sigma^S$ verschiebt, ist Crl (Typas *et al.*, 2007a). Crl ist in der ClpP^{trap} gefunden worden (Flynn *et al.*, 2003), was auf eine mögliche Proteolysekontrolle hinweist. Viele Substrate werden von mehr als nur einer Protease erkannt. Möglicherweise könnte also Crl auch ein Lon-Substrat sein. Diese Hypothese sollte mit bereits vorhandenen Crl-Antikörpern getestet werden. Es wurde eine nicht-radioaktive Abbaustudie durchgeführt, unter den gleichen Bedingungen wie die der Microarray-Studien. Die Proteinsynthese wurde mithilfe von Chloramphenicol gestoppt und Proben nach verschiedenen Zeitpunkten (bis zu 30 min) genommen (Abbildung 4.5A). Es konnte kein signifikanter Abbau von Crl im wt Stamm beobachtet werden, geschweige denn in der *lon* Mutante, und auch keine Erhöhung des zellulären Crl-Gehaltes im *lon*$^-$ Hintergrund. Crl Proteolyse kann also nicht die Ursache für die vermehrte Expression σ^S-abhängiger Gene in der *lon* Mutante sein.

Eine andere Möglichkeit, die σ^S-Aktivität zu steigern, wäre die proteolytische Kontrolle von Rsd, dem Anti-σ^{70}-Faktor, welcher ebenfalls in der ClpP^{trap} gefunden wurde. Mit vorhandenem Rsd-Antikörper wurde der Rsd-Spiegel in *lon*$^{+/-}$ ermittelt unter den gleichen Bedingungen (Abbildung 4.5B). Es ist deutlich, dass die beiden Stämme auch im Rsd-Gehalt nicht voneinander abweichen

Es gibt eine Möglichkeit, durch einen direkten Nachweis die Aktivität von σ^S *in vivo* zu untersuchen. In vorangegangen Experimenten wurden synthetische, σ^S-abhängige Promotoren kloniert, um zu untersuchen, welche Sequenzen einen Promotor σ^S-abhängig machen (Becker & Hengge-Aronis, 2001). Dabei wurde ein Promotor entwickelt - synp9 - welcher auch *in vivo* fast ausschliesslich von σ^S transkribiert wird und nicht von σ^{70}, da er alle Elemente enthält, die $E\sigma^S$ gegenüber $E\sigma^{70}$ bevorteilen (Becker & Hengge-Aronis, 2001, Typas *et al.*, 2007b). Ein solcher Promotor müsste, da er von keinem anderen Sigmafaktor effizient erkannt wird, und auch stromaufwärts keine weiteren

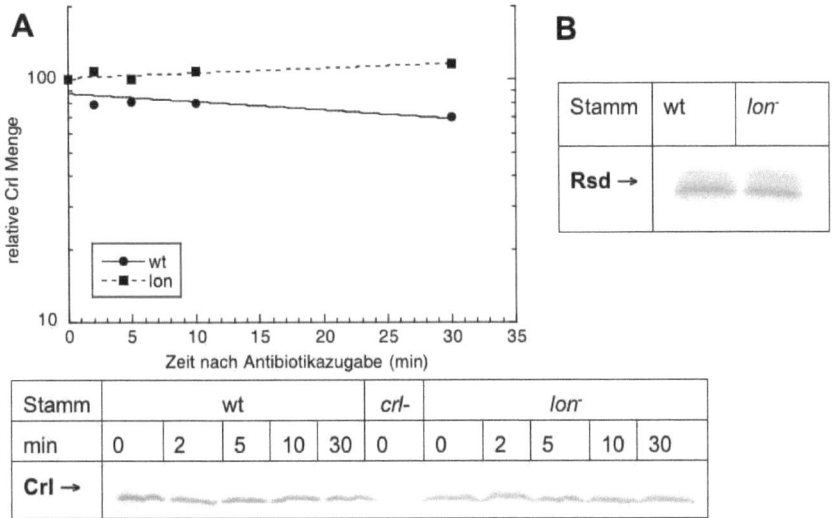

Abbildung 4.5: Der zelluläre Gehalt von Crl und Rsd ist nicht erhöht in der *lon* Mutante. Crl wird nicht signifikant abgebaut.
A Crl-Abbauexperiment. In M9 + 0,1% Glucose (OD_{578}=0,5), Zugabe von Chloramphenicol und Probenentnahme zu angezeigten Zeitpunkten.
B Zellulärer Gehalt von Rsd unter den gleichen Bedingungen.

Regulatorbindestellen enthält, sehr deutlich und direkt eine Steigerung der σ^S-Aktivität anzeigen. Es wurde also ein ß-Galaktosidase-Assay mit einem Stamm gemacht, bei welchem dieser Promotor synp9 an *lacZ* fusioniert ist und in einfacher Kopie im Chromsom an der *att* site des λ Phagen vorliegt (Stamm GB117) (Becker & Hengge-Aronis, 2001). Die Aktivität dieses Promotors wurde in wt und *lon*⁻ Hintergrund entlang der Wachstumskurve in M9 + 0,1% Glucose gemessen (Abbildung 4.6).

Die synp9::*lacZ* Fusion zeigt keine dramatischen Veränderungen ihrer Expression in der *lo*⁻ Mutante im Vergleich zum wt, jedenfalls nicht annähernd in dem Maße, wie die σ^S-abhängigen Gene in ihrer Expression verstärkt sind (vergleiche Ratios in den Microarrays Tabelle 4.2 und LacZ-Studien in Abb. 4.3 und 4.7). Wäre tatsächlich die Aktivität von σ^S betroffen, sollte sich in diesem Konstrukt ein stärkerer Effekt als in den natürlichen σ^S-abhängigen Promotoren zeigen. Wir können daher davon ausgegangen werden, dass es nicht die σ^S-Aktivität ist, welche von Lon beeinflusst wird.

Da also weder Aktivität, noch Gehalt von σ^S durch Lon kontrolliert werden, kann also ein direkter Zusammenhang zwischen σ^S und der Expressionssteigerung σ^S-abhängiger Gene in der *lon* Mutante ausgeschlossen werden. Offensichtlich wird die Regulation von Subregulons innerhalb des σ^S-Netzwerkes durch Lon verändert, also möglicherweise indem deren Regulatoren abgebaut werden.

Vor allem das Säureresistenz-Netzwerk, das mit sehr hohen Ratios koreguliert ist in der *lon* Mutante, erscheint für weitere Untersuchungen in Bezug auf eine mögliche Proteolysekontrolle seiner Regulatoren interessant.

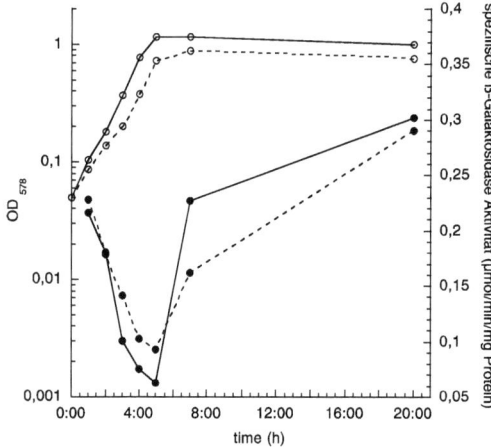

Abbildung 4.6: Lon hat nur einen geringen Einfluss auf synp9::*lacZ* Aktivität. M9 + 0,1% Glucose. Offene Kreise zeigen die optische Dichte und die geschlossenen die spezifische ß-Galaktosidase Aktivität. Gestrichelte Linien stellen die *lon* Mutante dar und durchgezogene Linien repräsentieren den wt.

4.2 Einfluss der Proteolyse auf das Glutamat-abhängige Säureresistenz-System

4.2.1 LacZ Reportergenfusions-Studien bestätigen die Microarray Ergebnisse: die Lon Protease greift in die Expression der *gad* Gene ein.

Microarrays bieten eine exzellente Möglichkeit, einen globalen Überblick über die Expression aller Gene zu einem bestimmten Zeitpunkt in einer speziellen Situation zu bekommen. Sie sind jedoch ungeeignet, um Kinetiken zu messen und signifikante Daten auch über spezifische Effekte zu bekommen. In den vorangegangenen Microarray-Studien zeigte sich ein negativer Einfluss der Lon Protease auf das *gad/hde* Säureresistenzsystem. Um diesen Einfluss detaillierter zu untersuchen und die Ergebnisse der Microarray-Studien zu verifizieren, wurden LacZ-Reportergenfusionen konstruiert zu den Effektorgenen *gadA* und *gadB*, welche für die Isozyme der Glutamat-Decarboxylase (GadA und GadB) kodieren. Ausserdem wurde die transkriptionale Expression von *gadE* gemessen, welches für den zur LysR-Familie gehörenden, zentralen und essentiellen Regulator der *gad/hde* Gene kodiert. Auch dieses Gen zeigte sich in der Microarray-Studie als im *lon*⁻ Hintergrund differenziell reguliert.

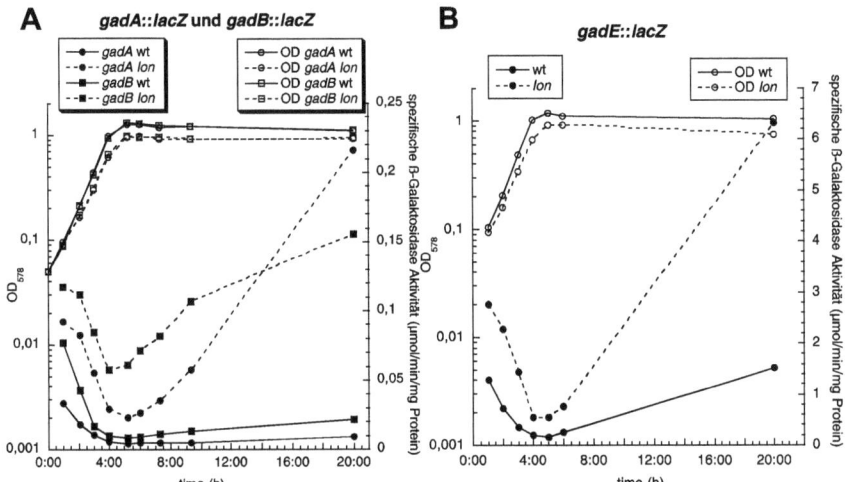

Abbildung 4.7: Lon reprimiert die Expression von *gadA*, *gadB* und *gadE* stark.
ß-Galaktosidase Studie in wt (durchgezogene Linien und *lon* (gestrichelte Linien) Mutante in M9 + 0,1% Glucose. Die optische Dichte wird durch offene Symbole dargestellt.
A Expression von *gadA*::*lacZ* (Kreise) und *gadB*::*lacZ* (Quadrate)
B Expression von *gadE*::*lacZ*

Es wurden also ß-Galaktosidase-Studien durchgeführt entlang der Wachstumskurve in M9 Medium mit 0,1% Glucose, also den Bedingungen der Microarray-Analyse. Die Reportergen-Fusionsstämme wurden in den Mutantenhintergründen untersucht, welche denen der Microarrays entsprachen, also $lon^{+/-}$.

Die Ergebnisse bestätigen die Ergebnisse der Microarrays in vollem Umfang. Die Lon Protease hat einen permanenten reprimierenden Einfluss auf die Transkription von *gadA*, *gadB* und *gadE*. Errechnet man die ß-Gal-Aktivitäts-Ratios lon^- : lon^+ in der logarithmischen Phase, so korrelieren sie gut mit den mRNA-Ratios der Microarrays, wenn man bedenkt, dass sich die Ratios von *gadA* und *gadB* mitteln, da diese beiden homologen Gene auf dem Microarray nur mit einem Spot vertreten sind.

4.2.2 GadE, σ^S und *gadB* werden induziert unter Bedingungen von Säureshift, stationärer Phase und permanentem Wachstum bei niedrigem pH, wobei GadE generell σ^S folgt.

Das *gad/hde* Regulon wurde bereits von verschiedenen Forschungsgruppen eingehend untersucht. Es zeigten sich jedoch, wahrscheinlich aufgrund des Gebrauchs unterschiedlicher Medien, Säurebedingungen und Wildtypstämmen, voneinander abweichende und teilweise widersprüchliche

Ergebnisse. Es war daher wichtig, zuerst unter den in unserem Labor etablierten Bedingungen - also M9 Minimalmedium mit Glucose als Kohlenstoffquelle, pH 5 (LB) bzw pH 5,5 (M9) in schnellen Shiftsituationen und bei permanentem Wachstum bei niedrigem pH, logarithmische und stationäre Phase, im MC4100 Wildtypstamm - die Bedingungen zu ermitteln, bei welchen die Glutamat-abhängige Säurestressantwort induziert wird. Mit dieser Basis kann die Regulation auf transkriptionaler und posttranskriptionaler Ebene unter induzierenden Bedingungen weiter untersucht werden.

Nach Herstellung eines Antikörpers gegen den essentiellen und zentralen Regulator GadE, war es möglich, mittels Immunoblot und ß-Galaktosidase-Studien einen *gadB::lacZ* Fusionsstamm unter den verschiedenen, oben genannten Bedingungen auf den Gehalt von σ^S, GadE und die Expression von *gadB* zeitgleich zu untersuchen. Es wurden also Proben für TCA-Fällung zur Proteinextraktion und Proben für die ß-Galaktosidase-Studie aus denselben Kulturen entnommen. Die Ein-Punkt-Messungen der *gadB* Promoteraktivität und die Quantifizierungsdaten der Westernblots stellen Durchschnittswerte aus zwei biologisch unabhängigen Experimenten dar.

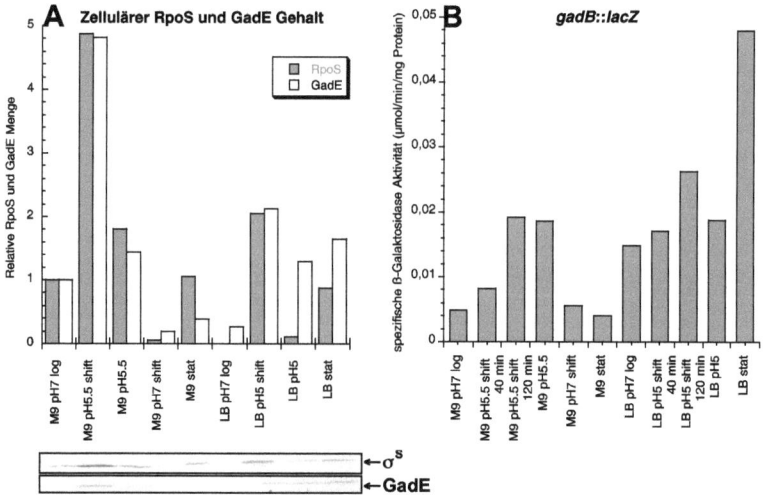

Abbildung 4.8: **Die Menge an σ^S und GadE und die Expression von *gadB* nimmt zu in der stationären Phase und bei niedrigem pH.**
Die Shiftproben wurden 40 min nach Absenken bzw. Anheben des pHs entnommen (ausser anders angegeben). Die Stationärphasenproben 1 h nach Eintritt in die stationäre Phase.
A Zellulärer Gehalt von σ^S und GadE unter den angegebenen Bedingungen. σ^S wird mit grauen Balken dargestellt, GadE mit weissen.
B Expression von *gadB::lacZ* unter den angegebenen Bedingungen. Zusätzlich wurden noch Säureshiftproben 120 min nach Absenken des pHs entnommen, denn nach 40 min war noch keine deutliche Induktion zu beobachten. Die Werte sind Mittelwerte aus zwei Experimenten.

Induzierende Bedingungen für GadE und *gadB* sind in M9 und LB Medien gleichermassen Säureshift, stationäre Phase und permanentes Wachstum bei niedrigem pH. Eine Ausnahme ist die stationäre Phase in Minimalmedium, in der weder GadE noch *gadB* induziert sind. Systematische Microarray-Studien entlang der stationären Phase in M9/Glucose Medium zeigten, dass die *gad/hde* Gene nicht unmittelbar durch Glucosemangel stimuliert werden, sondern erst 3 bis 4 Stunden nach Eintritt in die stationäre Phase induziert werden (Becker G., unveröffentlichte Daten). Die Expression von *gadB::lacZ* steigt nach Säureshift langsamer an als der GadE-Gehalt, daher wurden zusätzlich spätere Proben entnommen, um deutlich zu machen, dass *gadB* induziert wird durch Absenken des pHs. Unter allen diesen Bedingungen steigt auch der Gehalt von σ^S (auch in M9 stationäre Phase). Somit kann vermutet werden, dass die Induktion von GadE (und *gadB*), σ^S-vermittelt ist. Deutlich ist auch der rapide Abfall des GadE- und σ^S-Gehaltes nach Überführen der Zellen in neutrales Medium. Da die Zellen sich noch nicht einmal verdoppeln in den anschliessenden 40 min, d.h. keine starke Ausdünnung möglich ist, muss ein aktiver Ausschaltmechanismus dieses Systemes wirksam sein.

4.2.3 Die zelluläre Menge an GadE variiert in Abhängigkeit von den ClpP und Lon Proteasen.

Auf der Ebene der Effektorgene der Säurestressantwort zeigt sich deutlich der Einfluss der Proteasen Lon und ClpP - negativ im Fall von Lon und positiv im Fall von ClpP (im *rssB*⁻ Hintergrund). Wenn dieser Effekt dadurch hervorgerufen wird, dass Regulatoren der *gad* Gene proteolytisch abgebaut werden, sollte man erwarten, dass auf Ebene der Regulatoren deren zellulärer Proteingehalt abhängig ist von den Proteasen. Der Regulator GadE ist für die Kontrolle der *gad/hde* Gene essentiell. Er ist ein Knotenpunkt, bei dem von verschiedenen Kaskaden Signale eingehen, (wie in der Einleitung ausführlich beschrieben). GadE weist eine äusserst komplizierte Transkriptionsregulation auf, wofür auch die sehr grosse regulatorische Region spricht, die sich über beinahe 800 Nukleotide stromaufwärts des Promoters erstreckt, an welcher zahlreiche Regulatoren binden (zum Überblick: Abbildung 2.9). All dies weist auf eine grosse Wichtigkeit der fein regulierten Dynamik des GadE-Gehaltes hin und macht damit auch eine Kontrolle auf anderen als nur der Transkriptionsebene wahrscheinlich. Es wurde daher Höhe und Dynamik des GadE-Gehaltes untersucht.

Der zelluläre Gehalt von GadE und parallel dazu der von σ^S wurden in den Bedingungen M9 bzw. LB, logarithmische Phase bzw. stationäre Phase, jeweils im Wildtyp und in den Proteasemutanten-Hintergründen (*lon*⁻ und *clpP*⁻) mittels Anti-GadE/Anti-σ^S Westernblot untersucht.

Ergebnisse

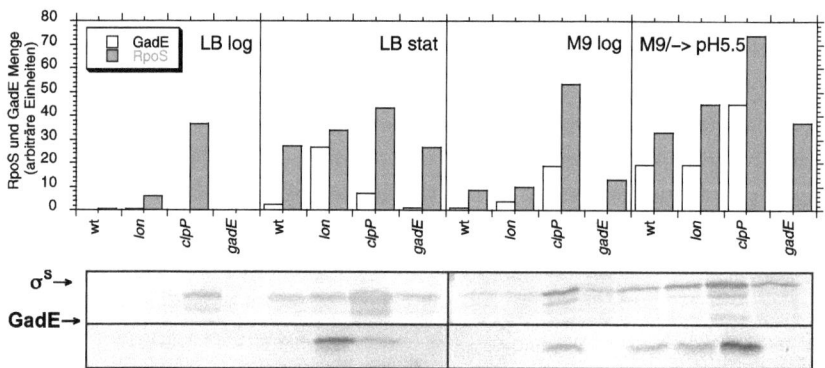

Abbildung 4.9: Die Proteasen ClpP und Lon zeigen einen deutlichen Einfluss auf den GadE Spiegel mit unterschiedlicher Intensität je nach Situation und nicht immer über den Einfluss der Proteasen auf σ^S erklärbar.
Proben zur TCA-Fällung wurden in den angegebenen Situationen entnommen, log Phase bedeutet OD_{578}=0,5. Stationärphasenproben 1 h nach Eintritt in die stationäre Phase. GadE wird durch die weissen Balken und σ^S durch graue Balken dargestellt.

Die GadE-Menge folgt in der stationären Phase/LB, in der logarithmischen Phase/M9 und auch bei Säureshift in der *clpP* Mutante der σ^S-Menge. In diesen Situationen erhöht sich der σ^S-Gehalt durch Stabilisierung von σ^S in der *clpP* Mutante und wahrscheinlich wird die GadE-Synthese dadurch aktiviert. Nur in LB/logarithmische Phase folgt die GadE-Menge auffälligerweise nicht dem σ^S-Anstieg. Unter Umständen ist σ^S hier zwar vermehrt vorhanden, aber inaktiv, zumindest am *gadE* Promotor. In der *lon* Mutante ist der σ^S-Gehalt in den meisten Bedingungen nicht signifikant erhöht, genauso die Menge an GadE. Eine Ausnahme ist der starke Anstieg von GadE in der *lon* Mutante in der stationären Phase/LB. Da in derselben Probe σ^S nicht signifikant erhöht ist, könnte dieser Anstieg auf Proteolyse von GadE oder einem in der Kaskade stromaufwärts liegenden Regulator (z.B. GadX) zurückzuführen sein.

4.2.4 GadE, der zentrale Regulator der Säurestressantwort, ist ein konstitutives Lon Substrat

In den vorangehend beschriebenen Experimenten haben sich die Hinweise auf eine proteolytische Kontrolle im Säureresistenz-Netzwerk verdichtet: 1. Die verstärkte Expression der *gad* Gene in der *lon* Mutante, sowie der erhöhte GadE-Spiegel (σ^S-unabhängig) in der *lon* Mutante in LB stationäre Phase; 2. Das schnelle Ausschalten der Säurestressantwort auf molekularer Ebene nach Ausbleiben von pH-Stress (Shift von pH 5,5 zu pH 7). Der Sigmafaktor σ^S selbst wird durch proteolytischen

Abbau durch ClpXP schnell nach Ausbleiben des Stresses entfernt. Das macht die proteolytische Kontrolle von in der Kaskade durch σ^S-kontrollierte Regulatoren sinnvoll, denn die Dynamik, vermittelt durch die σ^S-Proteolyse ginge verloren, wenn die dadurch regulierten Regulatoren statisch wären in ihrem Gehalt. GadE als der zentrale Knotenpunkt des Säureresistenz-Netzwerkes, bei welchem verschiedene Signalkaskaden zusammenlaufen, und als der essentielle Aktivator der Effektorgene *gadA* und *gadBC* ist der ideale Kandidat für eine solche Dynamik und wurde daher auf seine *in-vivo*-Stabilität hin untersucht.

Der Abbau von GadE wurde mithilfe eines nicht-radioaktiven *in-vivo*-Ansatzes untersucht. In der zu testenden Mediumbedingung und Wachstumsphase wird ein Proteinbiosynthese-hemmendes Antibiotikum zu den Kulturen gegeben und daraufhin in zeitlicher Abfolge Proben entnommen, die per TCA-Fällung für die Immunoblotdetektion aufgearbeitet werden.

Ein Problem bei der Untersuchung stellte die geringe Konzentration von GadE in den Zellen dar, welche, vor allem was den basalen Gehalt von GadE angeht, an den Grenzen der Detektierbarkeit ist. Gerade in den Situationen, in welchen GadE nicht gebraucht wird, also wenig vorhanden ist, ist jedoch zu erwarten, dass es abgebaut wird, während - bei einer regulierten Proteolyse - zu erwarten wäre, dass unter induzierenden Bedingungen, GadE stabilisiert wird. Da allerdings der Einfluss von Lon permanent entlang der Wachstumskurve zu beobachten ist und weil es nicht möglich war GadE unter nicht-induzierenden Bedingungen zu detektieren, wurden zunächst Abbauexperimente unter induzierenden Bedingungen - LB 1 h nach Eintritt in die stationäre Phase und M9 Medium 20 min nach Shift von pH 7 zu pH 5,5 -durchgeführt. Es wurde im wt, in der *lon* und in der *clpP* Mutante die Stabilität von GadE untersucht (Abbildung 4.10).

GadE wird unter diesen Bedingungen schnell abgebaut mit einer Halbwertzeit zwischen 4 und 6 Minuten. Auch in der *clpP* Mutante erfolgt ein vergleichbar schneller Abbau, während GadE in der *lon* Mutante deutlich stabilisiert ist. Die Tatsache, dass selbst unter Bedingungen, unter denen GadE als zentraler Aktivator benötigt wird und deswegen auch vermehrt vorhanden ist, ein solch schneller Abbau stattfindet, weist darauf hin, dass GadE konstitutiv abgebaut wird. Das heisst, dass GadE wahrscheinlich unter allen Umständen degradiert wird und das spezifisch von der Lon Protease und nicht von ClpP. GadE wird also nicht unspezifisch abgebaut, sondern ist ein spezifisches Substrat von Lon.

Es ist deutlich, dass ClpP keine Protease für den Abbau von GadE ist, auf der anderen Seite allerdings der GadE-Gehalt im *clpP*⁻ Hintergrund deutlich erhöht ist, auch unter nicht-induzierenden Bedingungen, aufgrund des erhöhten σ^S-Spiegels. Um sicher zu gehen, dass es nicht doch noch andere Situationen gibt, in welchen GadE stabilisiert wird, wurde dieser Einfluss von ClpP genutzt, um auch unter nicht-induzierenden Bedingungen zu untersuchen, ob GadE abgebaut wird. Dies wurde in diversen Situationen getan, M9 Medium logarithmische Phase pH7 und pH5, 30 min nach Shift von

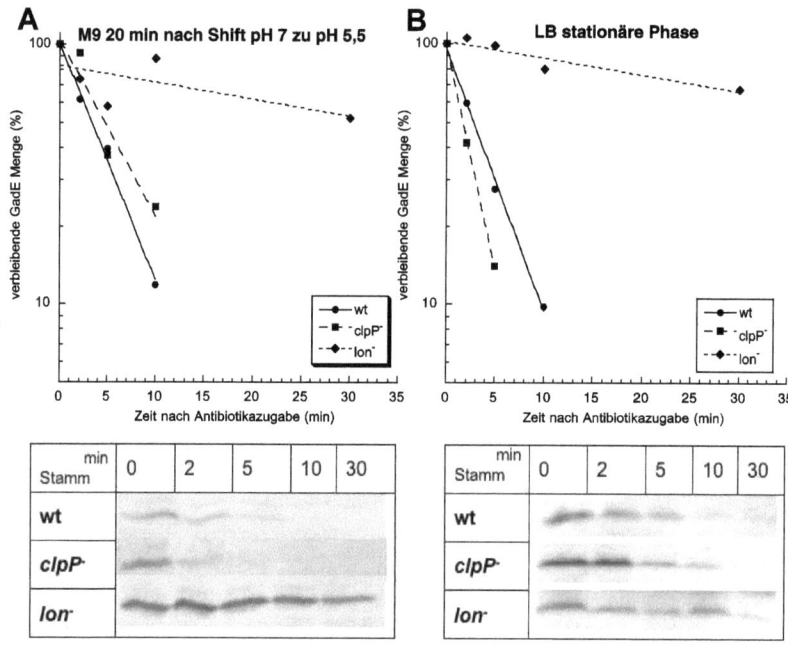

Abbildung 4.10: GadE wird schnell Lon-abhängig abgebaut unter induzierenden Bedingungen.
Die Ausgleichsgeraden in den Graphen zeigen den exponentiellen Abbau im wt (durchgezogene Linie, Kreise), der *clpP* (gross gestrichelte Linie, Quadrate) und der *lon⁻* (kleine gestrichelte Linie, Rauten) Mutante.
A M9 + 0,1% Glucose, in der logarithmischen Phase (OD_{578}=0,5) Shift zu pH5,5, nach 20 min Beginn des Abbauexperimentes
B LB 1 h nach Eintritt in die stationäre Phase Beginn des Abbauexperimentes.

pH 5 zu pH 7 oder pH 7 zu pH 5, stationäre Phase pH 5 oder pH 7 und dasselbe auch in LB Medium. Es wurde jeweils die *clpP* und eine *clpXP-lon* Mutante, die für aller drei, auf dem Chromosom aufeinander folgenden Gene deletiert ist, untersucht. Eine Auswahl der Westernblots ist in der Abbildung 4.11 gezeigt mit Situationen in M9/Glucose Medium.

Zusammenfassend kann festgestellt werden, dass in allen getesteten Situationen GadE unvermindert schnell abgebaut wird, auch in der *clpP* Mutante, während es in der *clpXP-lon* Dreifachmutante deutlich stabilisiert ist.

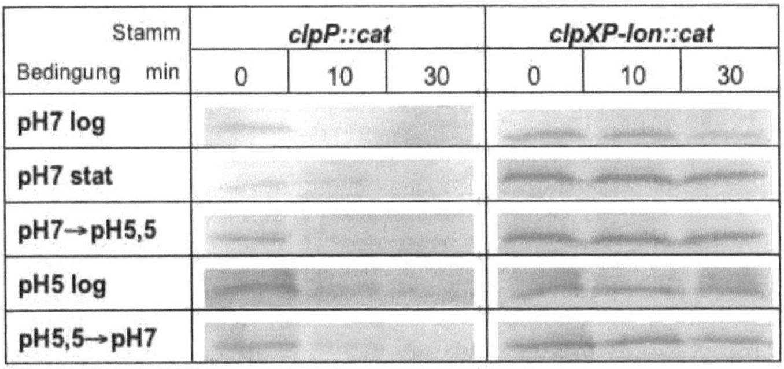

Stamm	clpP::cat			clpXP-lon::cat		
Bedingung min	0	10	30	0	10	30
pH7 log						
pH7 stat						
pH7→pH5,5						
pH5 log						
pH5,5→pH7						

Abbildung 4.11: GadE wird in allen, auch nicht-induzierenden Situationen abgebaut im *clpP* Hintergrund, und stabilisiert im *clpXP-lon* Hintergrund.
M9 + 0,1% Glucose in (von oben nach unten) logarithmische Phase (OD$_{578}$=0,5) pH7; stationäre Phase (1 h nach Eintritt) pH 7; Shift während der logarithmischen Phase von pH 7 zu pH 5,5 (Abbauexperiment 40 min nach Shift); logarithmische Phase pH 5,5; 40 min nach Shift von pH 5,5 zu pH 7 in der logarithmischen Phase. Die Gene *clpX*, *clpP* und *lon* liegen auf dem Chromosom hintereinander und können daher gemeinsam deletiert werden.

GadE wird also konstitutiv durch die Lon Protease abgebaut. Schnelle Veränderung des zellulären Gehaltes von GadE wird damit offensichtlich nicht durch dessen Proteolyse determiniert. Dieser Befund ist erstaunlich und die Frage stellt sich, wozu *Escherichia coli* diesen unaufhörlichen Abbau betreibt, welcher energieaufwendig ist, denn zum einen kostet die Proteolyse die Zelle Energie in Form von ATP, welches bei der Entfaltung der Substrate verbraucht wird und zum anderen bedarf es einer hohen Neusyntheserate von GadE, vor allem unter induzierenden Bedingungen. Mit den Regulatoren SoxS und MarA findet man einen vergleichbaren Fall. Diese werden ebenfalls konstitutiv von Lon degradiert. Dadurch wird gewährleistet, dass sie nach Ausbleiben des Stressignales schnell wieder auf ihr Basalgehalt absinken, schneller als das durch einfaches Abschalten der Synthese und Ausdünnen durch Wachstum möglich wäre (Griffith et al., 2004). Im Fall von GadE wurde daher untersucht, ob sein Abbau durch Lon ebenfalls dem schnellen Abschalten der Säurestressantwort dient.

4.2.5 Die Proteolyse von GadE ermöglicht eine schnelle Reversibilität des zellulären GadE-Gehaltes und der Effektorgentranskription

Um zu untersuchen, ob der zelluläre Gehalt von GadE Lon-abhängig schnell absinkt, nachdem das Stress-Signal (pH 5,5) ausbleibt, wurden die Bakterien, die in der logarithmische Phase in M9/Glucose pH 7 gewachsen waren, durch Zugabe von MES zu einem pH von 5,5 für 40 min geshiftet. Unter diesen Bedingungen steigt der GadE-Spiegel schnell auf hohes Niveau an. Daraufhin wurde durch Abzentrifugieren das Medium ausgetauscht mit neutralem Medium und zu den Zeitpunkten 0, 2, 5, 10 und 30 min Proben zur TCA-Fällung der Proteine gezogen. Dies wurde mit einem MC4100 wt Stamm und parallel dazu mit einer MC4100 *lon* Mutante gemacht. Per Immunoblot wurde der Verlauf des Gehaltes von GadE verfolgt ab dem Shift von pH 5,5 zurück zu pH 7 (Abbildung 4.12).

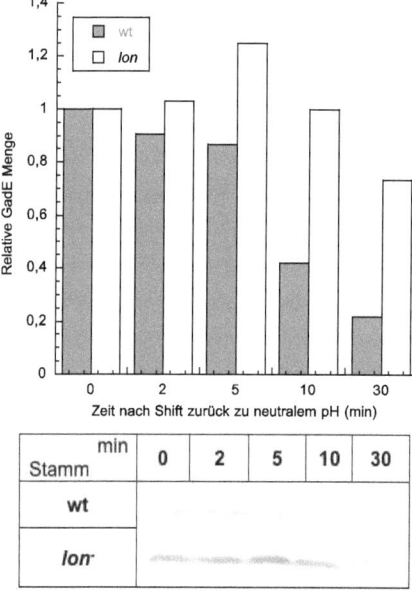

Abbildung 4.12: Der GadE-Spiegel sinkt schnell nach Ausbleiben des pH-Stresses ab, während er im *lon* Hintergrund nur durch wachstumsbedingte Ausdünnung langsam abnimmt.
M9 + 0,1% Glucose pH 7, zuerst Shift in logarithmischer Phase (OD_{578}=0,5) für 40 min zu pH 5,5, dann Shift zu neutralem pH (ab da Probennahme), Zellulärer GadE-Gehalt in wt (graue Balken) und *lon* Mutante (weisse Balken).

Der zelluläre Gehalt von GadE nimmt, nachdem die Bakterien wieder in neutralem Medium sind, schnell ab, in etwa vergleichbar mit der Proteolyserate. Die Zellen schalten also ohne Verzögerung die Säurestresskaskade ab, sobald der Stress ausbleibt. Dieses Ausschalten ist Lon-abhängig, denn in der *lon* Mutante nimmt die GadE-Menge sehr viel langsamer ab und nur infolge der Ausdünnung der sich teilenden Zellen. Die Degradation von GadE durch die Lon Protease ist also wichtig, um bei Nachlassen des Stress-Signals den GadE-Spiegel schnell wieder auf Basalniveau zurückzuführen.

Um jedoch sicher zu sein, dass sich dieses Absenken von GadE auch auf die Effektorgene auswirkt wurde im Northern Blot die Dynamik der mRNAs von *gadA* und *gadBC* unter den gleichen Bedingungen beobachtet (Arbeit von Alexandra Possling). Die Stämme MC4100 $lon^{+/-}$ wurden ebenfalls nach Säureshift für 40 min bei pH 5,5 belassen, bevor sie wieder in neutrales Medium überführt wurden. Dann wurden Proben nach 0, 5 und 30 min zur RNA Präparation entnommen und die *gadA/BC* Gene durch eine DIG-markierte Oligonukleotidsonde (Abbildung 4.13). Es ist zu beobachten, dass im wt Hintergrund der Gehat der beiden mRNAs nach Shift zurück in neutrales Medium rapide abnimmt und nach 30 min nicht mehr detektierbar ist. Hingegen in der lon Mutante nimmt der Spiegel nur langsam infolge wachstumsbedingter Ausdünnung ab. Hiermit ist deutlich gezeigt, dass sich die schnelle Lon-abhängige Termination der Regulatorkaskade der Säurestressantwort durch den Abbau von GadE auf die Effektorgene der Glutamat-abhängigen Säureresistenz übersetzt

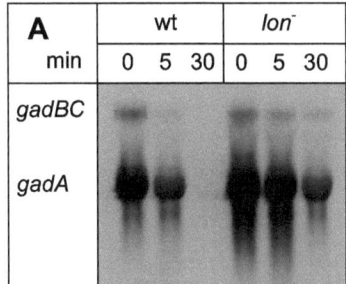

Abbildung 4.13: Der zelluläre Spiegel der mRNA von *gadA* und *gadBC* nimmt im wt rapide und in der *lon* Mutante deutlich langsamer ab nach Shift zu neutralem pH (Arbeit von Alexandra Possling).
Northern Blot von MC4100 $lon^{+/-}$ in M9/0,1% Glucose. Säureshift bei $OD_{578}=0,5$ für 40 min, dann Shift der Zellen zurück zu pH 7. Probenahme zur RNA Präparation zu den angegebenen Zeiten. Detektion mit *gadA/BC* Sonde.
A Blotbild.
B Quantifizierung des Gehaltes der *gadA* mRNA. Wt (graue Balken) und lon (weisse Balken)
C Quantifizierung von *gadBC* mRNA

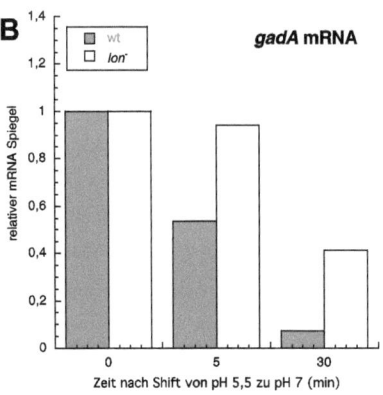

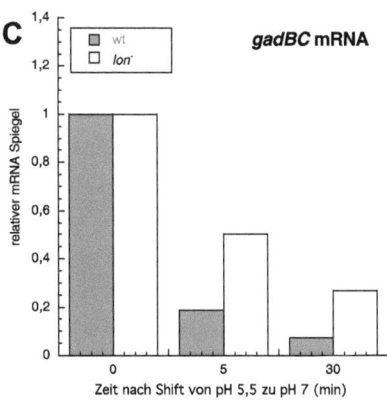

Ergebnisse

4.2.6 Die Lon Protease inhibiert auch die Expression von GadE

GadE wird von Lon konstitutiv abgebaut, die Dynamik des zellulären Gehaltes an GadE wird durch Kontrolle der Expression, also Synthese von GadE reguliert. Es ist jedoch auffällig, dass eine *lon* Deletion eine stark erhöhte Expression von *gadE::lacZ* bewirkt (siehe Abbildung 4.7 B). Es wurde deshalb untersucht, ob das Fusionsprotein GadE-LacZ, bei welchem 15 Aminosäuren des N-Terminus von GadE an LacZ fusioniert sind, abgebaut wird. Das nicht-radioaktive, *in-vivo*-Abbauexperiment wurde in M9/Glucose in der logarítmischen Phase durchgeführt und das Fusionsprotein mithilfe von LacZ-Antikörper detektiert.

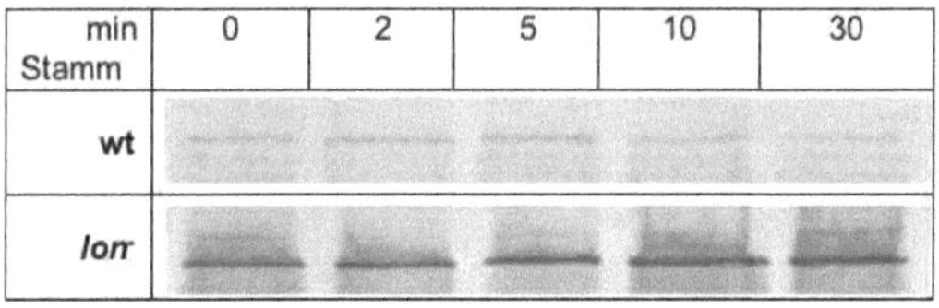

min Stamm	0	2	5	10	30
wt					
lon⁻					

Abbildung 4.14: Das GadE-LacZ Fusionsprotein ist stabil.
In-vivo-Abbauexperiment mit dem *gadE::lacZ* Fusionsstamm in M9/0,1% Glucose/ OD$_{578}$=0,5, wt und *lon*⁻, Zugabe von Chloramphenicol und Probennahme nach angegebenen Zeitpunkten. Immunodetektion mit LacZ-Antikörper

In Abbildung 4.14 ist zu sehen, dass GadE-LacZ stabil ist und trotzdessen, dass die Proben auf verschiedenen Westernblots aufgetragen wurden, ist deutlich zu erkennen, dass der Gehalt des Fusionsproteines im *lon⁻* Hintergrund höher ist als im wt.

Eventuell lässt sich die gesteigerte Syntheserate in der *lon* Mutante durch die Autoregulation von GadE erklären, denn im *gadE::lacZ* Fusionsstamm ist das native GadE ebenfalls vorhanden und kann bei Stabilisierung durch die *lon* Deletion seine eigene Transkription bzw. diejenige des GadE-LacZ Fusionsproteines positiv beeinflussen. Es wurde daher eine ß-Galaktosidase-Studie der kurzen *gadE::lacZ* Fusion gemacht in *lon*⁺/⁻ im *gadE⁻* Hintergrund gemacht. Das Ergebnis in Abbildung 4.15A zeigt, dass, obwohl die Gesamtexpression von *gadE::lacZ* in *gadE⁻* sehr gering ist, jedoch immernoch eine ca. 2fache Erhöhung der Transkriptionsaktivität in der *lon* Mutante zu beobachten ist (das Experiment wurde dreimal mit dem gleichen Ergebnis durchgeführt).

Wird also ein Aktivator von *gadE* durch Lon abgebaut? Für eine solche Proteolysekontrolle kämen die beiden AraC-ähnlichen Regulatoren GadX und GadW infrage, welche als Aktivatoren von *gadE* beschrieben sind (Sayed *et al.*, 2007). Leider war es uns nicht möglich, GadX mit den von uns hergestellten Antikörpern eindeutig zu detektieren (es zeigte sich eine Sekundärbande auf gleicher

Höhe). Die Frage, ob GadX proteolytisch kontrolliert ist, bleibt deswegen offen. GadW ist in sehr geringeren Mengen in der Zelle vorhanden, es war daher nicht möglich, es im Wildtyp zu detektieren. Um wenigstens Hinweise auf eine mögliche proteolytische Kontrolle von GadW zu bekommen, wurde *gadW* daher auf einen Vektor kloniert (pRH800) hinter einen heterologen, IPTG-induzierbaren Promotor und der Abbau *in vivo*, nicht-radioaktiv in der logarithmischen Wachstumsphase/LB nach Induktion mit 1 mM IPTG für 20 min untersucht. Das Experiment wurde in MC4100 wt, *clpP*⁻ und *lon*⁻ Hintergrund durchgeführt und ist in Abbildung 4.15B zu sehen. GadW wird unter diesen Bedingungen Lon-abhängig abgebaut. Dies ist ein erster Hinweis auf proteolytische Kontrolle von GadW durch Lon. Allerdings muss beachtet werden, dass GadW durch die ektopische Induktion in unnatürlich hohen Mengen in der Zelle vorkommt und daher möglicherweise von Lon als störendes Protein im Rahmen der Proteinqualitätskontrolle abgebaut wird. Wir untersuchten daher auch noch, ob eine *gadW*-Deletion eventuell den Lon-Effekt auf die *gadE*-Transkription supprimiert, indem wir eine ß-Galaktosidase-Studie in M9/Glucose in $lon^{+/-}$ und *gadW*⁻ Hintergrund durchführten. In Abbildung 4.15C ist zu sehen, dass die *gadW* Mutation den Lon-Effekt nicht aufhebt. Darüberhinaus ist deutlich, dass GadW offensichtlich auf die *gadE*-Transkription in dieser Situation eine gering repressorische Wirkung zeigt.

Für die Erhöhung der *gadE*-Transkription in der *lon* Mutante ist also nicht die mögliche proteolytische Kontrolle von GadW verantwortlich. Die positive Autoregulation von GadE hingegen bewirkt zumindest partiell die Lon-abhängige Erhöhung des GadE-Gehaltes, da in der *lon* Mutante die extreme Abhängigkeit der kurzen *gadE::lacZ* Fusion von GadE abgeschwächt wird. Möglicherweise ist ein weiterer Grund für die generelle Repression der Säureresistenzkaskade durch Lon auch in einem globalen Effekt zu finden, wie es hier auch für den Einfluss von Lon auf weitere σ^S-abhängige Gene genauer untersucht und diskutiert wird (4.1.2.1 und 5.2).

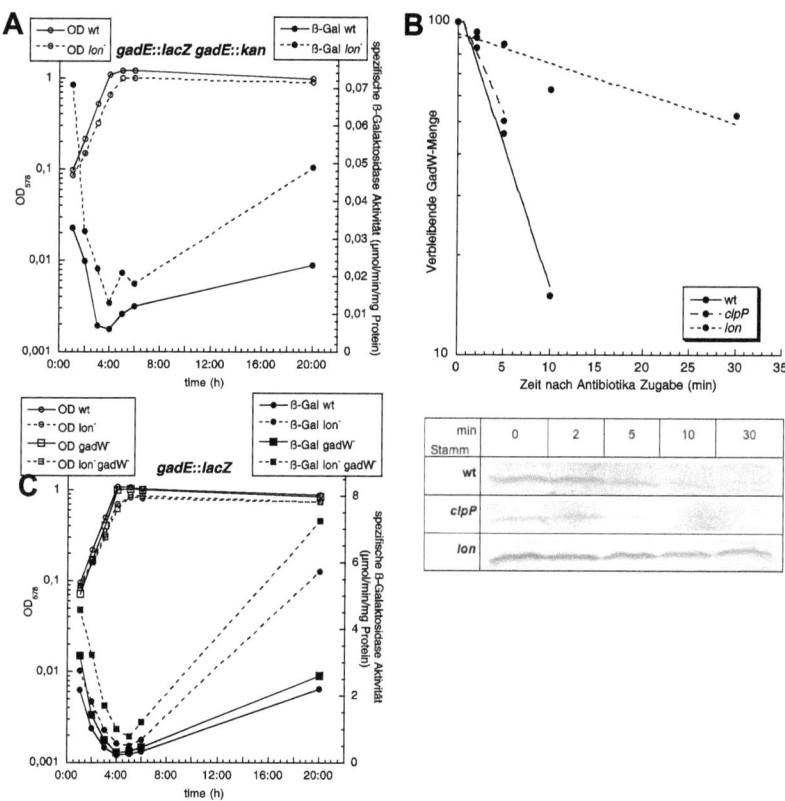

Abbildung 4.15: Untersuchungen zum repressorischen Effekt von Lon auf die *gadE*-Transkription
A GadE Autoregulation ist partiell verantwortlich für den Lon-Effekt.
Expression von *gadE::lacZ* in *gadE*⁻ Hintergrund, *lon*$^{+/-}$. ß-Galaktosidase-Assay in M9/Glucose.
B GadW wird von Lon abgebaut, wenn es ektopisch überexprimiert wird.
In-vivo-Abbauexperiment von MC4100 wt (durchgezogene Linie), *clpP* Mutante (gross gestrichelte Linie) und *lon* Mutante (kleine gestrichelte Linie) in *gadW*⁻, transformiert mit pRH800 mit *gadW* Gen, in LB logarithmische Phase (OD$_{578}$=0,5) nach Induktion für 20 min mit 1mM IPTG. Beginn des Abbauexperimentes durch Zugabe von Chloramphenicol bzw. Tetracyclin.
C GadW ist nicht verantwortlich für den Lon-Effekt auf die *gadE*-Transkription
Expression von *gadE::lacZ* in wt (Kreise, durchgezogene Linie), *lon*⁻ (Kreise, gestrichelte Linie), *gadW*⁻ (Quadrate, durchgezogene Linie) und *gadW*⁻ *lon*⁻ (Quadrate, gestrichelte Linie) entlang der Wachstumskurve M9/Glucose.

Ergebnisse

4.2.7 ClpP Einfluss, GadX und YdeO: Vorläufige Ergebnisse zu weiterer Proteolysekontrolle im Säureresistenz-Netzwerk

In den Microarray-Studien ($clpP^{+/-}$ in $rssB^-$) zeigte die ClpP Protease einen stark positiven Einfluss auf die Gene des Säureresistenz-Systemes *gad/hde*. Dieser Einfluss kann jedoch nur unter der Voraussetzung beobachtet werden, dass die Kontrolle von σ^S durch ClpP blockiert ist, indem σ^S in einer *rssB* Mutante artifiziell stabilisiert wird. Ohne diese Modifikation lässt sich nur der negative Einfluss von ClpP erkennen, der durch den Abbau von σ^S durch ClpXP hervorgerufen wird (siehe Abbildung 4.9). Der dominant negative ClpP-Einfluss durch die Proteolyse von σ^S überlagert also den positiven Einfluss, welcher vom Abbau oder der Inhibition eines spezifischen Repressors innerhalb des Glutamat-abhängigen Säureresistenz-Systemes herrühren könnte.

4.2.7.1 Der ClpP Einfluss zeigt sich auf Ebene der *gadA/B/E*-, nicht der Ebene der *gadX*-Transkription und wird in *ydeO* und *gadX* Mutanten teilweise supprimiert.

Als Konsequenz aus dem Befund, dass ClpP einen positiven Einfluss auf die *gad/hde* Gene ausübt, ist zu erwarten, dass innerhalb der Säureresistenz-Regulationskaskade ein Repressor oder Inhibitor von der ClpP Protease abgebaut wird. Um die Ebene der Kaskade, auf welcher dieser Regulator zu finden ist, einzugrenzen, wurden LacZ-Reportergenfusionen zu *gadA* und *gadB* (die Effektorgene der Säurestressantwort) und zu den Regulatorgenen *gadE* (kodierend für den zentralen Aktivator des Systemes) und *gadX* (dem AraC-ähnlicher Modulator der Säurestressantwort) daraufhin untersucht, ob der Effekt der ClpP-Deletion noch sichtbar ist. Dies würde bedeuten, dass der gesuchte instabile Repressor in der Kaskade oberhalb des Genes, zu dem die Fusion gemacht worden ist, zu suchen ist. Nach dem aktuellsten Modell, welches in der Diskussion dieser Arbeit zu finden ist, reguliert σ^S die *gadX*- und *gadE*-Transkription, GadX aktiviert *gadE* und GadE aktiviert *gadA/BC* (siehe Diskussion Abbildung 5.1). Es wurden zwei LacZ-Fusionen zu *gadE* untersucht, die sich in der Länge des regulatorischen Bereiches stromaufwärts des *gadE*-Promotors unterschieden (siehe Abbildung 3.1 in Material und Methoden). Die so genannte „lange" Fusion umfasst alle beschriebenen Operatoren mit einer Länge von 774 Nukleotiden stromaufwärts des Startkodon, d.h. bis zum nächsten ORF. Offensichtlich sind so weit stromaufwärts noch Bindestellen von GadX und GadW zu finden (Sayed, 2007). Die "kurze" Fusion beinhaltet 463 Nukleotide stromaufwärts des Translationsstartes und enthält diese Bindestelle nicht, eventuell fehlt ihr auch eine von mehreren YdeO-Bindestellen.

Man kann bei allen hier verwendeten LacZ-Fusionen davon ausgehen, dass lediglich die transkriptionale Kontrolle gezeigt wird. Im Falle von *gadA* und *gadB* handelt es sich um transkriptionale Fusionen, d.h. *lacZ* wird unabhängig von dem Gen translatiert und die LacZ-Menge spiegelt damit nur die transkriptionale Aktivität wider. Im Falle von *gadE* und *gadX* handelt es sich zwar um translationale Fusionen, d.h. es werden Fusionsproteine zu LacZ synthetisiert, es sind aber nur wenige N-terminale Aminosäurereste von GadE (15) und GadX (13) in der Fusion enthalten, so dass es sehr wahrscheinlich ist, dass hier keine posttranskriptionalen Mechanismen greifen. Das GadE-LacZ Fusionsprotein ist ausserdem nach den bereits gezeigten Untersuchungen stabil (Abbildung 4.14). Alle Fusionen liegen in Einzelkopie im Chromosom an der *att* site des λ Phagen. Die Genfusionen wurden im entsprechenden Stammhintergrund (*rssB*⁻ und *rssB*⁻ *clpP*⁻) im Vergleich zum wt Hintergrund in M9/Glucose Medium entlang der Wachstumskurve auf ihre Expressionsstärke überprüft (Abbildung 4.16).

Auf allen untersuchten Ebenen der Kaskade, ausser der *gadX*-Expressionsebene zeigt sich der Einfluss von ClpP permanent entlang der Wachstumskurve. Er kann bei der Transkription von *gadE* beobachtet werden, jedoch nicht bei der von *gadX*. Folglich kann es nicht GadE selbst sein, welches von ClpP abgebaut wird (wie auch bereits gezeigt: Abbildung 4.10) oder irgendein Regulator unterhalb von GadE in der Kaskade, sondern er muss oberhalb von GadE liegen und die Transkription von *gadE* beeinflussen. Er liegt allerdings nicht oberhalb von GadX in der Kaskade, also reguliert nicht die *gadX*-Transkription, denn diese ist unbeeinträchtigt von der *clpP* Deletion im *rssB*⁻ Hintergrund.

Auffällig ist die unterschiedliche Sensitivität der Aktivität der LacZ-Fusionen für An- und Abwesenheit von ClpP. Interessanterweise ist die kurze *gadE::lacZ* Fusion hypersensitiv für ClpP, also wenn regulatorische Regionen stromaufwärts des Promoters, die für GadX-/GadW-Bindung verantwortlich sind, fehlen und GadE Autoregulation essentiell ist. Die lange *gadE::lacZ* Fusion hingegen ist weniger sensitiv für den ClpP, was dementsprechend mit der hier vorliegenden geringeren Abhängigkeit von der GadE-Autoregulation zusammenhängen könnte. Auch die Expression von *gadA* ist sehr viel weniger ClpP-abhängig als die von *gadB*. Hier nicht gezeigte ß-Galaktosidasestudien weisen darauf hin, dass *gadA* zumindest in neutralem Medium in der logarithmischen Wachstumsphase weniger abhängig ist von GadE als *gadB*. Eine mögliche Schlussfolgerung an dieser Stelle ist also, dass ein negativer Regulator der *gadE*-Expression das Target der ClpP-vermittelten Regulation ist.

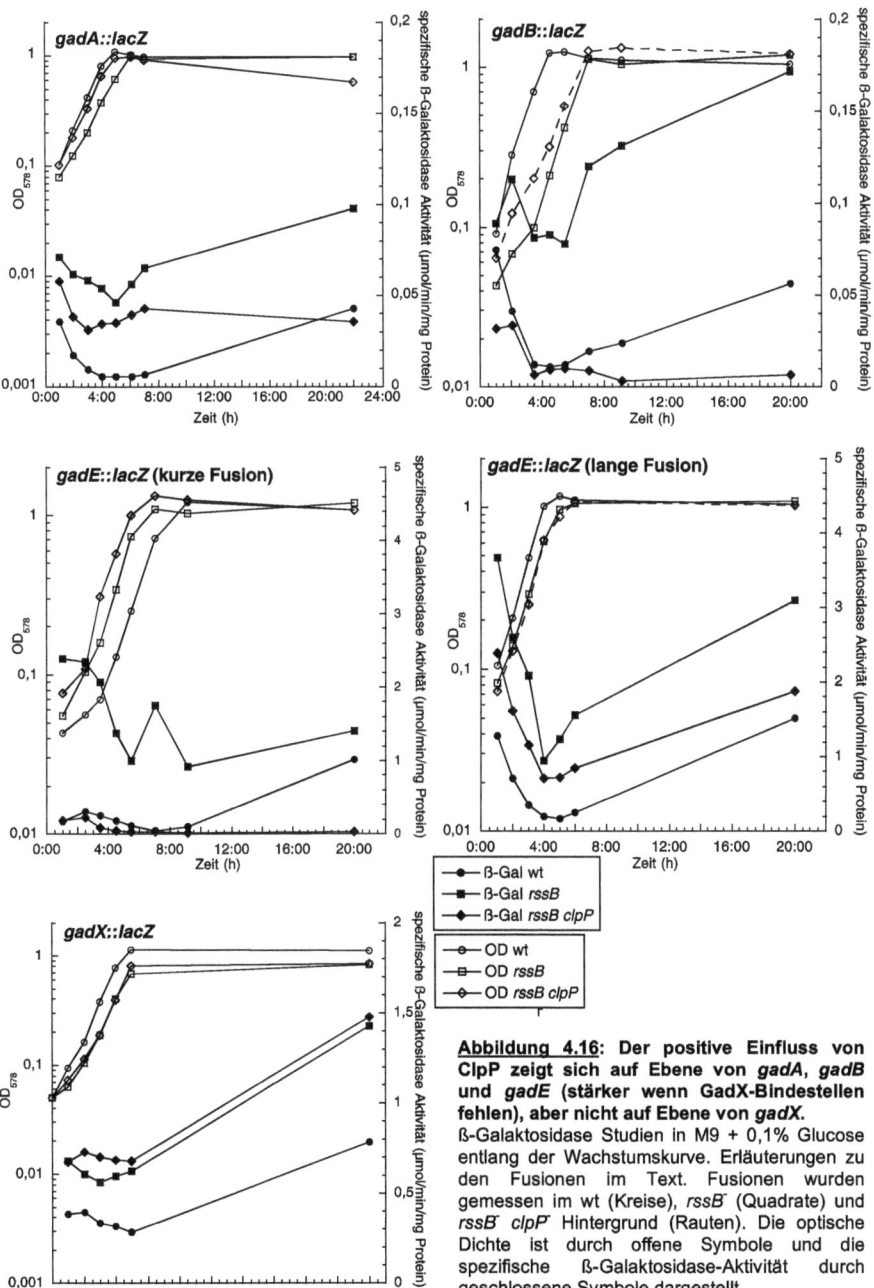

Abbildung 4.16: Der positive Einfluss von ClpP zeigt sich auf Ebene von *gadA*, *gadB* und *gadE* (stärker wenn GadX-Bindestellen fehlen), aber nicht auf Ebene von *gadX*.
ß-Galaktosidase Studien in M9 + 0,1% Glucose entlang der Wachstumskurve. Erläuterungen zu den Fusionen im Text. Fusionen wurden gemessen im wt (Kreise), *rssB*⁻ (Quadrate) und *rssB*⁻ *clpP*⁻ Hintergrund (Rauten). Die optische Dichte ist durch offene Symbole und die spezifische ß-Galaktosidase-Aktivität durch geschlossene Symbole dargestellt.

Regulatoren in der Säureresistenzkaskade unterhalb der *gadX*-Transkriptionsregulation und oberhalb der *gadE*-Aktivierung sind vor allem GadW, GadX selbst und YdeO. Sind diese beteiligt an dem positiven Einfluss von ClpP auf das Säureresistenz-Netzwerk?

Um auf diese Frage einen ersten Hinweis zu bekommen, wurde eine Suppressions-Studie durchgeführt, die zeigen sollte, ob die Deletion eines der genannten Regulatoren den positiven ClpP-Einfluss aufheben kann. Dafür wurde die kurze *gadE::lacZ* Fusion verwendet, denn sie zeigt den Effekt der *clpP* Mutante am deutlichsten. In den wt, *rssB⁻* und *rssB⁻ clpP⁻* Hintergründen wurde also zusätzlich ein zu untersuchender Regulator deletiert. Ist der deletierte Regulator, der von ClpP abgebaute Repressor oder kontrolliert diesen, dann sollte der ClpP-Einfluss bei dessen Deletion zumindest nivelliert werden. Es wurden Übernachtproben genommen von M9/Glucose-Kulturen, welche unter den gleichen Bedingungen gewachsen waren, wie die Kulturen in den vorhergehenden Versuchen. Die Ergebnisse sind Mittelwerte aus zwei biologisch unabhängigen Experimenten (Abbildung 4.17A).

Im wt und im *gadW⁻* Hintergrund sieht man deutlich den stark positiven Einfluss von ClpP auf die *gadE*-Expression. GadW wirkt insgesamt nur schwach reprimierend (siehe auch Abbildung 4.15C) und der ClpP-Einfluss ist im *gadW⁻* Hintergrund unvermittelt stark. GadW scheidet damit als Kandidat für die ClpP-vermittelte proteolytische Kontrolle aus. YdeO hingegen zeigt eine leicht (2 fach) inhibierende Wirkung auf die Expression von *gadE* (eine Wirkung, die im *rssB⁻* Hintergrund verschwindet). Sehr auffällig ist die starke Abschwächung des ClpP-Einflusses. Der Faktor (*rssB⁻* : *rssB⁻ clpP⁻*) wird von ca. 100 fach im wt Hintergrund auf etwa 2 fach im *ydeO⁻* Hintergrund reduziert. Diese dramatische Wirkung lässt sich nicht durch die festgestellte reprimierende Wirkung von YdeO auf die Promotoraktivität erklären, denn der Faktor von *rssB⁻ clpP⁻* im wt Hintergrund zu *rssB⁻ clpP⁻* im *ydeO⁻* Hintergrund beträgt 40 fach im Vergleich zu 2 fach (wt zu *ydeO⁻* Mutante). Dieses Resultat lässt die Schlussfolgerung zu, dass entweder YdeO der von ClpP abgebaute Repressor ist oder zumindest indirekt an der Wirkung von ClpP beteiligt ist, z.B. durch Interaktionen am Promotor oder an der Proteolyse mit dem ClpP-Substrat. GadX nivelliert ebenfalls den Einfluss von ClpP. GadX hat eine aktivierende Funktion (etwa 4,5 fach) auf die *gadE*-Expression, auch bei dieser verkürzten Fusion, bei welcher die Bindestelle für GadX fehlt. Dies lässt sich durch die positive Autoregulation von GadE erklären, da das native *gadE* Gen vorhanden ist, im *gadX⁻* Hintergrund inhibiert wird und daher die Aktivierung der *gadE::lacZ* Fusion GadE-abhängig schwächer ausfällt. Diese aktivatorische Rolle bleibt auch im *rssB⁻* Hintergrund erhalten. In der *rssB clpP* Doppelmutante hingegen kehrt sich die Rolle von GadX um und es zeigt reprimierende Wirkung (etwa 10 fach) auf die *gadE*-Expression. Der positive Einfluss von ClpP verschwindet fast völlig.

In Abbildung 4.17B wird der Einfluss von YdeO auf die *gadE*-, *gadB*- und *gadX*-Expression unter denselben Bedingungen gezeigt. YdeO reprimiert *gadE* und *gadB* im neutralen Medium in der stationären Phase M9/0,1% Glucose, während es im sauren Medium leicht aktivatorische Funktion

Ergebnisse

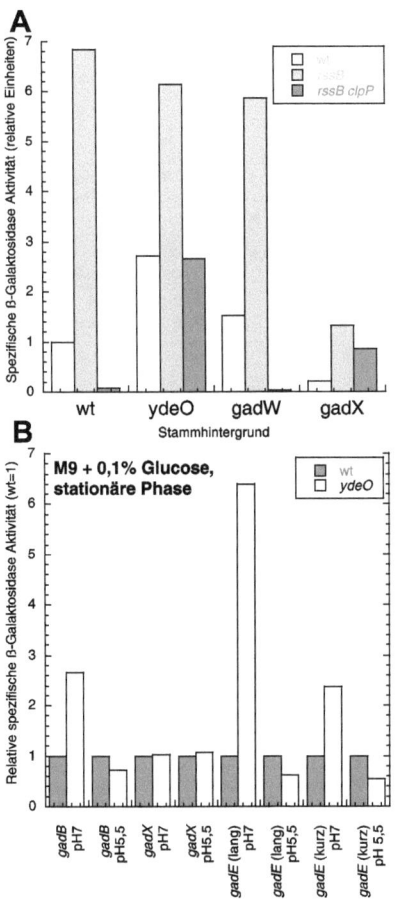

Abbildung 4.17: Untersuchung von GadX, GadW und YdeO in Bezug auf den ClpP-Einfluss
A Suppressions-Studie zum ClpP-Einfluss: Verschwindet der "ClpP-Effekt", wenn ein zusätzlicher Regulator deletiert wird?
ß-Galaktosidase-Aktivität der kurzen *gadE::lacZ* Fusion in M9 + 0,1% Glucose Übernachtproben. Im wt (weisse Balken), *rssB* Mutanten (hellgraue Balken) und *rssB clpP* Mutanten (dunkelgraue Balken). Zusätzlich deletiert ydeO, gadW, gadX wie an der X-Achse angegeben. Der wt Stamm ist auf 1 gesetzt.
B YdeO reprimiert die *gadE*- und *gadB*-Transkription in neutralem Medium und wirkt als Aktivator in saurem Medium. YdeO zeigt keinen Einfluss auf die *gadX*-Transkription.
ß-Galaktosidase-Studie von *gadX::lacZ*, der langen und der kurzen *gadE::lacZ* und der *gadB::lacZ* Fusion in wt (graue Balken) und *ydeO*⁻ Hintergrund (weisse Balken). Übernachtproben M9 + 0,1% Glucose pH 7 oder pH 5,5. Der wt ist jeweils auf 1 gesetzt.

übernimmt. Es wurden die lange und die kurze *gadE::lacZ* Fusion untersucht, wobei auffällt, dass YdeO einen stärkeren reprimierenden, aber nicht aktivierenden Effekt auf die lange *gadE::lacZ* Fusion zeigt, also diejenige die die GadX-/W- und die eventuell eine zusätzliche YdeO-Bindestellen beinhaltet. Auf die *gadX*-Transkription hat YdeO keinen Einfluss. YdeO ist also tatsächlich Repressor und Aktivator von *gadE* und *gadB*, nicht von *gadX*, abhängig offensichtlich vom pH-Wert.

Wann spielt YdeO eine Rolle als Regulator der Säureresistenzgene? In den Überexpressionsstudien wurde gezeigt, dass YdeO ein Aktivator in saurem Medium für die *gad/hde* Gene ist. In ß-Galaktosidase-Studien, die mit *gadE::lacZ* Fusionsstämmen gemacht wurden, lässt sich beobachten, dass YdeO keine regulatorische Rolle bei Säureshift auf die *gadE*-Transkription hat. Auch bei permanentem Wachstum in saurem Medium konnte kein signifikanter Unterschied in der Expression

Ergebnisse

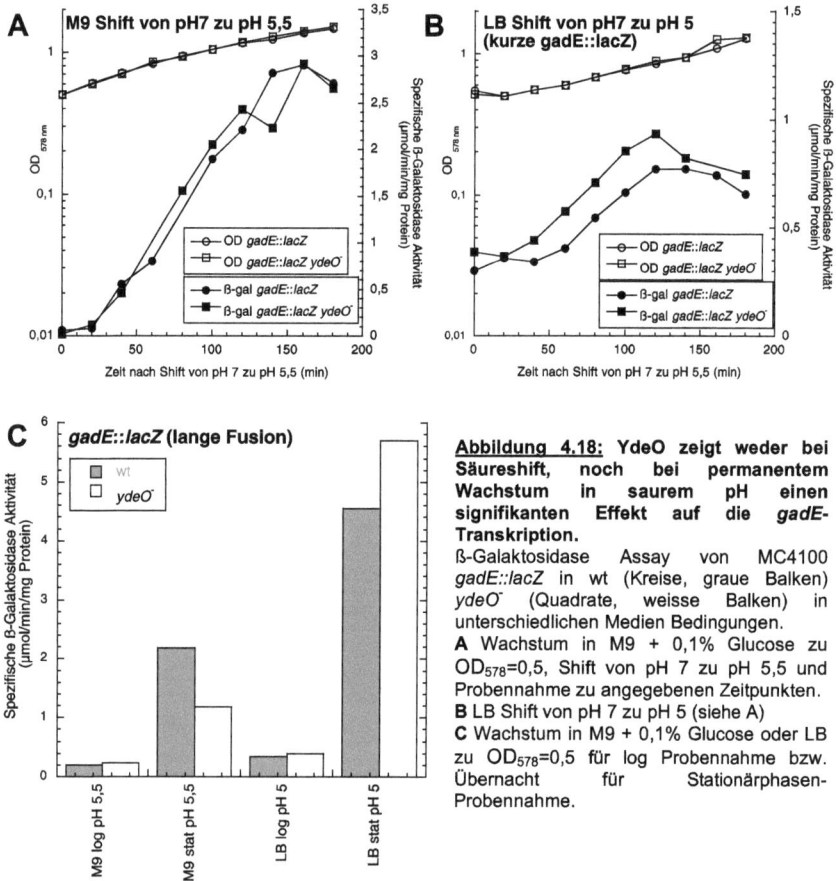

Abbildung 4.18: YdeO zeigt weder bei Säureshift, noch bei permanentem Wachstum in saurem pH einen signifikanten Effekt auf die *gadE*-Transkription.
ß-Galaktosidase Assay von MC4100 *gadE::lacZ* in wt (Kreise, graue Balken) *ydeO*⁻ (Quadrate, weisse Balken) in unterschiedlichen Medien Bedingungen.
A Wachstum in M9 + 0,1% Glucose zu $OD_{578}=0,5$, Shift von pH 7 zu pH 5,5 und Probennahme zu angegebenen Zeitpunkten.
B LB Shift von pH 7 zu pH 5 (siehe A)
C Wachstum in M9 + 0,1% Glucose oder LB zu $OD_{578}=0,5$ für log Probennahme bzw. Übernacht für Stationärphasen-Probennahme.

zwischen wt und *ydeO* Mutante ermittelt werden (Abbildung 4.18).

Die einzigen signifkanten Befunde eines YdeO-Einflusses auf die *gadE*-Expression wurden in der stationären Phase M9/0,1% Glucose Medium beobachtet (siehe auch Abbildung 4.17B).

Zusammenfassend kann man sagen:

1. GadX sowie YdeO sind am positiven ClpP-Einfluss indirekt oder direkt beteiligt sind.

2. Der positiv regulierende Einfluss von ClpP setzt in der Kaskade der Säureresistenzantwort unterhalb der *gadX*-Transkription und oberhalb der *gadE*-Transkription an.

3. Diese Wirkung von ClpP ist abhängig vom Aufbau der Promotoren, d.h. bei Fehlen von Regulator-

Ergebnisse

Bindestellen vor *gadE* ist er schwächer, beim *gadA* Promotor ist er schwächer als beim *gadB* Promotor.

Da bei Überprüfung der Sequenzen von GadX und YdeO, bei YdeO ein gut konserviertes ssrA-ähnliches Konsensusmotiv für den ClpXP-vermittelten Abbau gefunden wurde, wurde im weiteren Verlauf die Möglichkeit der Proteolyse von YdeO untersucht.

4.2.7.2 YdeO enthält eine C-terminale ssrA-ähnliche Markierung, die, an GFP fusioniert, dieses zum Abbau durch ClpP markiert.

Bei Analyse der Sequenzen der Regulatoren des Säureresistenzsystemes wurde ein potentielles Abbaumotiv bei YdeO gefunden. Die C-terminale Sequenz zeigt eine grosse Übereinstimmung zu dem C-Motiv 1 (Flynn *et al.*, 2003) oder ssrA-ähnlichen Motiv (Abbildung 4.19). Für den Abbau durch ClpXP sind vor allem die letzten drei Aminosäurereste entscheidend. Diese sind LAA bei ssrA und LAI bei YdeO, wobei es sich bei dem A→I Austausch um den Austausch einer unpolaren gegen eine andere unpolare Aminosäure also biochemisch gesehen keine grosse Veränderung handelt.

Protein	C-terminale Sequenz
ssrA Markierung	AANDENYALAA
YdeO	**NTGNTMNALAI**
YdaM	KNDGRNRVLAA
Crl	DFRDEPVKLTA
YbaQ	ARREERAKKVA

<u>Abbildung 4.19</u>: YdeO hat ein ssrA-ähnliches C-Motiv.
Vergleich der C-terminalen Aminosäure-Sequenzen von YdeO und bekannten ClpXP-Substraten ((Flynn *et al.*, 2003) mit dem ssrA- Konsensusmotiv.

Um herauszufinden, ob diese Markierung als Signal zum Abbau ausreichend ist, wurden diese 11 Aminosäuren von YdeO an den C-Terminus von Plasmid-kodiertem GFP fusioniert (pGFP-YdeO`). GFP (green fluorescent protein) fungiert als Reporterprotein, ist selbst stabil und kann durch Fluoreszenz oder spezifische Antikörper detektiert werden. Es ist hinter einen IPTG-induzierbaren Promotor kloniert mit passenden Schnittstellen N- und C-terminal, um Sequenzen in den ORF von GFP zu fusionieren. Als Kontrollen standen zur Verfügung GFP-ssrA (GFP fusioniert zu der 11 Aminosäuren langen ssrA-Markierung) und GFP-ssrA^{DD} (in diesem Konstrukt ist die ssrA-Markierung mutiert, indem die letzten beiden Alanine ausgetauscht wurden mit Aspartaten). GFP-ssrA wird schnell abgebaut und ist im *clpP*⁻ Hintergrund stabilisiert, GFP-ssrA^{DD} ist komplett stabil (Dougan *et al.*, 2002). Es wurde nun die Stabilität dieser Konstrukte im wt und *clpP*⁻ Hintergrund in einem *Escherichia coli* Stamm untersucht, welcher *lacI*$^{q+}$ ist (FI1202) durch Visualisierung der Fluoreszenz der auf einer 1mM IPTG-enthaltenden LB-Platte ausgestrichenen Kulturen durch UV Licht (Abbildung 4.20A).

Ergebnisse

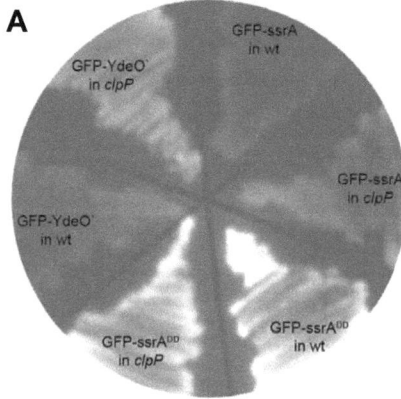

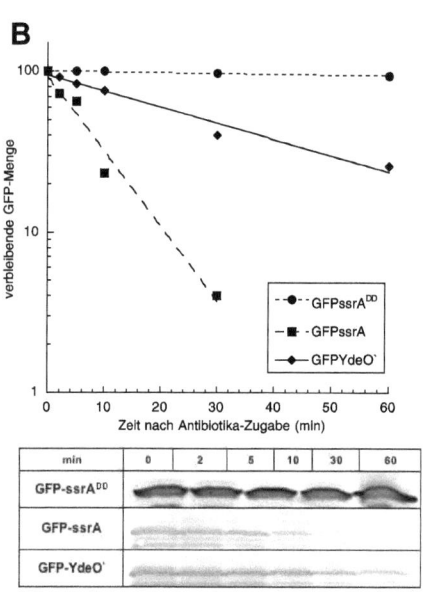

Abbildung 4.20:
Die letzten 11 Aminosäuren von YdeO markieren GFP für den ClpP-abhängigen Abbau.
A Die Plasmide mit den angegebenen GFP Konstrukten wurden in FI1202 (*lacI$^+$*), wt und *clpP$^-$* Stämme, transformiert und über Nacht auf einer 1 mM IPTG enthaltenden LB-Platte wachsen gelassen. Am nächsten Tag wurde der GFP-Gehalt mittels seiner Fluoreszenz durch UV-Bestrahlung sichtbar gemacht.
B *In-vivo*-Abbaustudie von GFP-ssrA, GFP-ssrA^{DD} und GFP-YdeO`. Der wt Stamm (FI1202) mit den Plasmiden wurde bis zu OD$_{578}$=0,5 in M9/0,1% Glucose wachsen gelassen, dann für 20 min mit 1mM IPTG induziert, daraufhin Beginn des Abbauexperiment durch Zugabe von Chloramphenicol. Probennahme nach angegebenenen Zeitpunkten und Immunodetektion mit GFP-Antikörper.

Es ist deutlich zu erkennen, dass GFP-YdeO` weniger vorhanden ist im wt als in der *clpP$^-$* Mutante, also wahrscheinlich in dieser stabilisiert ist. Die Fluoreszenz von GFP-ssrA$^{DD}$ ist deutich stärker, GFP-YdeO` besitzt also offenbar nicht annähernd dessen Stabilität. Jedoch ist die Fluoreszenz etwa gleich schwach wie die von GFP-ssrA im wt, welches nachweislich abgebaut wird (Dougan *et al.*, 2002). GFP-YdeO` wird also degradiert und ClpP ist für den Abbau zumindest teilweise verantwortlich. Es ist aber nicht annähernd so stabil wie GFP-ssrA^{DD}, was darauf hindeutet, dass noch eine oder mehrere andere Proteasen eine Rolle spielen. Im Vergleich ist GFP-ssrA im *clpP$^-$* Hintergrund jedoch eher

Ergebnisse

schwächer fluoreszierend als GFP-YdeO`. Unterschiedliche Zelldichten können hier jedoch leicht den Anschein unterschiedlicher Fluoreszenzintensitäten erwecken. Daher und um die Resultate quantifizieren zu können, wurde mit den verschiedenen GFP-Fusionen zusätzlich ein *in-vivo*-Abbauexperiment durchgeführt. MC4100 mit Plasmid-kodiertem GFP-YdeO`, GFP-ssrA^{DD} und GFP-ssrA wurde in M9/Glucose Medium bei OD$_{578}$=0,5 für 15 min mit 1 mM IPTG induziert und daraufhin, wie bereits beschrieben, mit der nicht-radioaktiven *in-vivo*-Abbaustudie begonnen. Immunodetektion erfolgte mit GFP-Antikörper (Abbildung 4.20B).

Es zeigte sich, dass GFP-ssrA und GFP-YdeO` abgebaut werden - das ssrA-markierte GFP schneller (Halbwertzeit ca. 10 min) als das YdeO`-markierte GFP (Halbwertzeit ca. 30 min) - während GFP-ssrA^{DD} vollkommen stabil ist.

Fazit ist, dass die letzten 11 Aminosäuren von YdeO ein Abbausignal für ClpP und eventuell eine andere Protease sind. Wird jedoch tatsächlich auch das native YdeO abgebaut? Es wurden daher auch gegen gereinigtes YdeO Antikörper hergestellt, um dessen Abbau direkt zu testen.

4.2.6.3 YdeO ist ein Proteolyse-Substrat.

Die bisherigen Erkenntnisse, dass eine *ydeO* Deletion den ClpP-Einfluss im Säurestressregulon supprimiert, sowie der Befund, dass die C-terminale ssrA-ähnliche Sequenz von YdeO GFP zum Abbau markiert, erhärten die Hypothese, dass YdeO ein Proteolyse-Substrat ist. Eine Schwierigkeit, das direkt *in vivo* zu zeigen, besteht darin, dass YdeO als Regulator in geringen Mengen vorkommt und daher in seiner natürlichen Konzentration nur schwer detektierbar ist. Es ist jedenfalls mit den in dieser Arbeit angefertigten Antikörpern kein Nachweis von YdeO *in vivo* im Wildtyphintergrund gelungen, obwohl die Antikörper das gereinigte Protein in einem Bereich von 1-10 ng sichtbar machen konnten (Daten nicht gezeigt). Es musste also ein anderer Ansatz verfolgt werden, um die Proteolyse von YdeO zu zeigen.

YdeO wurde auf ein Plasmid (pRH800) kloniert hinter einen IPTG-induzierbaren Promoter (tac). So konnte es moderat induziert werden (mit 50 µM IPTG), um es detektierbar zu machen. Daraufhin wurde der Abbau *in vivo* getestet. Desweiteren wurde YdeO mit modifiziertem C-terminalem stabilisierendem Ende (LDD statt LAI) ebenfalls auf pRH800 kloniert und in der Abbaustudie verwendet. Die Plasmide pYdeO(AI), welches für das native YdeO kodiert, und pYdeO(DD), welches die möglicherweise stabilisierende Modifikation trägt, wurden in den wt und das native YdeO-tragende Plasmid ausserdem in die *clpP* und *lon* Mutante transformiert. Die Bakterien wurden in M9/Glucose bis OD$_{578}$=0,5 wachsen gelassen und dann induziert. Nach 20 min wurde mit dem Abbauexperiment begonnen (Abbildung 4.21).

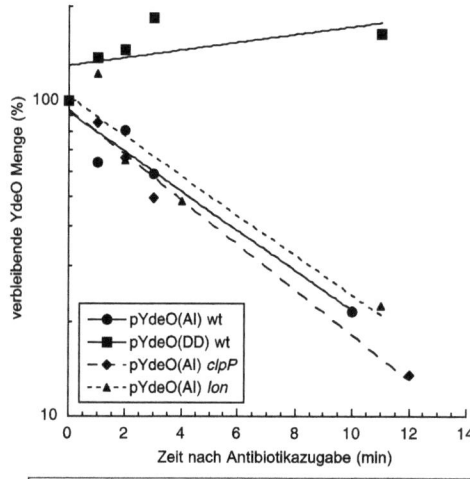

Abbildung 4.21: Überexprimiertes YdeO ist ein Proteolysesubstrat, allerdings weder von ClpP noch von Lon allein. Die beiden letzten Aminosäuren markieren YdeO zum Abbau.
In-vivo-Abbauexperiment von nativem YdeO (AI) und YdeO mit verändertem C-Terminus (DD) (Quadrate) moderat exprimiert von Plasmid im wt (durchgezogene Linie, Kreise), *clpP⁻* (gross gestrichelte Linie, Rauten) und *lon⁻* (klein gestrichelte Linie, Dreiecke) Hintergrund. Kulturen wuchsen in M9 + 0,1% Glucose bis zu einer OD_{578}=0,5 Detektion mittels YdeO-Antikörper.

YdeO wird unter diesen Bedingungen schnell (Halbwertzeit etwa 4 min) abgebaut. Dieser Abbau ist offensichtlich von keiner der beiden Proteasen, weder Lon noch ClpP, abhängig, hingegen von den beiden letzten Aminosäureresten (AI) von YdeO, denn das mutierte YdeO mit zwei Aspartaten anstelle der beiden unpolaren Alanine, ist absolut stabil.

Dieses Ergebnis ist überraschend, denn gerade die beiden mutierten C-terminalen Aminosäurereste sind als spezielles Erkennungsmotiv für den ClpXP-abhängigen Abbau beschrieben worden (Flynn *et al.*, 2001, Levchenko *et al.*, 2003). Möglicherweise führen die ungewöhnlich hohen Mengen an nativem YdeO zu einem unkontrollierten Abbau, während $YdeO^{DD}$ aus anderen Gründen, bedingt eventuell durch Konformationsänderung, stabil ist. Möglicherweise wird der Abbau dennoch von einer anderen Protease oder von mehreren, die sich gegenseitig kompensieren können, ermöglicht.

Festzuhalten ist in diesem Stadium in Bezug auf YdeO:

1. YdeO ist beteiligt an dem positiven ClpP-Einfluss auf das Säureresistenz-System.

2. YdeO hat eine C-terminale Markierung, die ausreichend ist, um GFP zum ClpP-abhängigen Abbau zu markieren.

3. YdeO wird bei moderater Überexpression abgebaut. Der Abbau ist Lon- und ClpP-unabhängig. Der Abbau ist abhängig von den letzten beiden Alaninen am C-Terminus.

Diese Ergebnisse sind erste interessante Hinweise, denen man weiter nachgehen sollte. Welche Protease baut YdeO ab? Ist der Abbau konstitutiv oder konditional? Welche Rolle spielt YdeO beim ClpP-Einfluss? Welche Rolle spielt YdeO in der Säureresistenzantwort? Was macht es zum Repressor und was zum Aktivator?

Ergebnisse

4.3 Translationale Kontrolle des zellulären GadE-Gehaltes

4.3.3 Die Transkriptionsinduktion von *gadE* nach Säureshift ist langsam, während der zelluläre GadE-Gehalt schnell ansteigt.

Der Gehalt von GadE in der Zelle wird durch Induktion der Synthese infolge von Säurestress und bei Eintritt in die stationäre Phase und durch den permanenten Abbau durch die Lon Protease reguliert. Die Transkription ist dabei für die Induktion von GadE verantwortlich, während die Proteolyse ihre Rolle in der raschen Entfernung des Regulators bei Ausbleiben des Stress-Signales hat.

Ein auffälliges Phänomen, das sich in den weiter unten ausführlicher behandelten Säureshift-Studien zeigte, war eine Diskrepanz zwischen einem schnellen Anstieg des GadE-Gehaltes nach Shift von neutralem zu niedrigem pH und einem langsamen Anstieg der *gadE*-Promotoraktivität, dargestellt von der *gadE::lacZ* Fusion. Beide kinetischen Verläufe sind in einer gemeinsamen Abbildung (4.22) zusammengefasst.

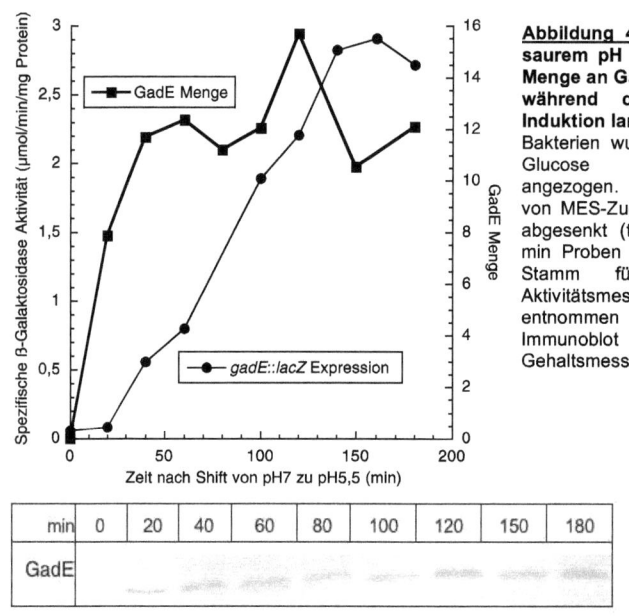

Abbildung 4.22: Nach Shift zu saurem pH nimmt die zelluläre Menge an GadE sehr schnell zu, während die Transkriptions-Induktion langsam verläuft.
Bakterien wurden in M9 + 0,1% Glucose bis $OD_{578}=0,5$ angezogen. Dann wurde mithilfe von MES-Zugabe der pH auf 5,5 abgesenkt (t=0min) und alle 20 min Proben aus dem *gadE::lacZ* Stamm für ß-Galaktosidase Aktivitätsmessung (Kreise) entnommen bzw. für den GadE-Immunoblot zur GadE Gehaltsmessung (Quadrate).

Der zelluläre Gehalt von GadE nimmt rapide zu nach Säureshift, erreicht sein Maximum bereits bei etwa 40 min und bleibt dann konstant. Die Aktivität des *gadE*-Promotors dagegen nimmt nur langsam zu und beginnt signifikant erst nach 20 min, also zu einem Zeitpunkt, bei welchem das fertige Protein

Ergebnisse

bereits halb-maximales Niveau erreicht hat. Dieser eklatante Unterschied deutet auf posttranskriptionale Kontrolle hin, welche jedoch nicht auf Stabilisierung zurückzuführen ist, wie bereits gezeigt (Abbildung 4.10A), da selbst beim Zeitpunkt maximaler Zunahme des GadE-Gehaltes, also im Bereich 0-40 min nach Shift, GadE unvermindert schnell abgebaut wird. Daraus lässt sich schliessen, dass es sich hier um eine Kontrolle auf Ebene der mRNA handeln muss, die es der Zelle ermöglicht, bei Shift zu saurem pH GadE und die von ihm vermittelte Antwort sehr schnell hochzuregulieren.

4.3.2 GadE, exprimiert von einem heterologen Promotor, zeigt ebenfalls einen schnellen, vorübergehenden Anstieg seines Gehaltes nach Säureshift, der von der sRNA DsrA abhängig und von σ^S und GadX unabhängig ist.

Um diesem Hinweis auf eine translationale Kontrolle der GadE-Synthese nach Shift zu niedrigem pH besser nachgehen zu können, wurde die Transkription von *gadE* von ihrer normalen Kontrolle entkoppelt, indem *gadE* hinter einen heterologen, durchlässigen (leaky) Promotor auf Plasmid kloniert wurde. Es wurde die Sequenz vom Transkriptionsstartpunkt bei -124 relativ zum Startkodon (Hommais et al., 2004, Weber et al., 2005) bis stromabwärts von *gadE* bis beinahe zum ORF des nächsten Genes (*mdtF*), wo sich eine deutliche rho-unabhängige Transkriptionsterminationsstelle befindet, kloniert. Somit ist im klonierten Konstrukt die gesamte mRNA von *gadE* vom 5` bis zum 3`Ende vorhanden, zwar durch die Klonierung mit noch 45 zusätzlichen Nukleotiden des Vektors stromaufwärts, jedoch derselben auffälligen potentiellen mRNA Sekundärstruktur (Abbildung 4.26). Der tac Promotor des Plasmides pRH800 hat eine permanente geringe Basalexpression, wahrscheinlich aufgrund eines defekten Plasmid-kodierten *lacI* Genes. GadE ist damit unabhängig von der transkriptionalen Säurestressregulation, da der gesamte stromaufwärts gelegene Operator deletiert ist. Stattdessen sollte es basal während des gesamten Wachstums exprimiert werden. Es wurde nun ein Säureshiftexperiment durchgeführt wie bereits beschrieben, und alle 10 min Proteinproben bis zu 60 min nach Shift entnommen und auf den Gehalt von GadE mittels Immunoblot untersucht.

Es zeigt sich, dass tatsächlich in den ersten 30 min nach Shift ins Saure der Gehalt von GadE schnell ansteigt, obwohl keine transkriptionale Regulation durch die bekannten Säurestress-Aktivatoren, insbesondere σ^S und GadX, mehr möglich ist. Ebenso interessant ist die darauf folgende schnelle Abnahme des GadE-Gehaltes 30 min nach Shift bis es nach 60 min wieder Basalniveau erreicht hat. Dieses Konstrukt zeigt die normale Kontrolle durch Translation + Degradation von GadE (während die Transkription konstant ist). Im ersten Verlauf des Säureshiftes überwiegt die translationale Aktivierung der Synthese über dem Abbau, daher steigt der zelluläre Gehalt von GadE schnell an. Im

Ergebnisse

weiteren Verlauf (30-60 min) überwiegt dann wieder der Abbau über der Translationseffizienz, daher nimmt der Gehalt ab. Es kann also gezeigt werden, dass eine translationale Kontrolle vorhanden ist und dass sie vorübergehend für den schnellen Anstieg des GadE-Gehaltes verantwortlich ist. Die mit nativem *gadE* beobachtete langfristige Erhöhung des GadE-Spiegels nach Säureshift ist also offensichtlich auf die langsamere, später einsetzende, und dann langfristig anhaltende Transkriptionsinduktion zurückzuführen.

Ein Einfluss der kleinen RNA DsrA auf die Säurestressantwort wurde bereits gezeigt (Lease *et al.*, 2004) und wurde auf die bekannte Aktivierung der *rpoS*-Translation und Inhibierung der *hns* Translation durch DsrA zurückgeführt. Es gab jedoch auch einen Hinweis auf einen direkten Einfluss, da DsrA in einer Mutante, die weder *hns* noch *rpoS* regulieren kann, da die entsprechenden

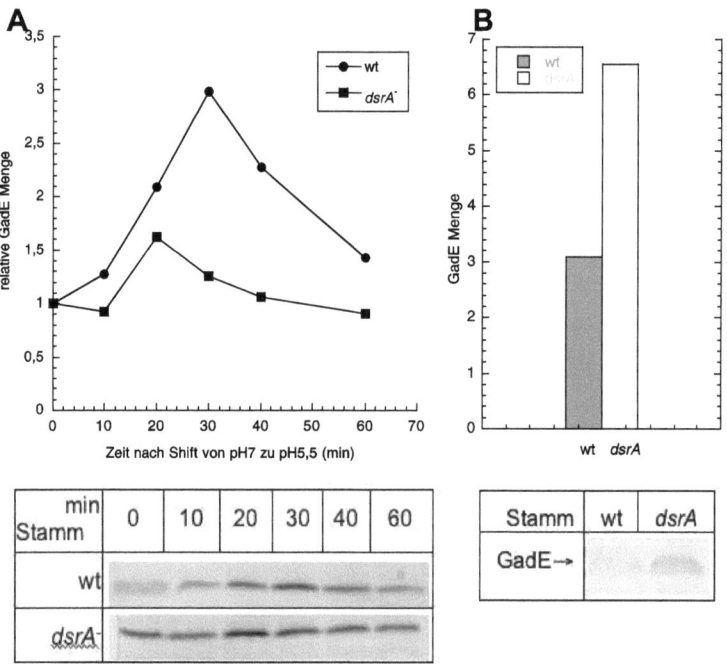

Abbildung 4.23: GadE, synthetisiert von heterologem Promotor, steigt nach Säureshift schnell und vorübergehend an. DsrA reprimiert die GadE-Synthese in neutralem Medium und dereprimiert bei Säureshift.
A MC4100 *gadE*⁻ mit Plasmid-kodierter mRNA von *gadE* hinter einem leaky tac Promotor wurde im wt (schwarze durchgezogene Linie) und im *dsrA*⁻ Hintergrund (graue gestrichelte Linie) in M9 + 0,1% Glucose pH 7 bis OD_{578}=0,5 wachsen gelassen. Daraufhin geshiftet durch Zugabe von MES auf pH 5,5 und nach den angegebenen Zeiten Proben zur TCA-Fällung entnommen. Westernblot mit GadE Immunodetektion.
B Die gleichen Proben der beiden Plasmid-tragenden Stämme wt (graue Balken) und *dsrA*⁻ (weisse Balken) zum Zeitpunkt 0 min.

Ergebnisse

Bindestellen mutiert sind, immer noch einen positiven Einfluss auf Überleben bei extremen Säurestress aufwies (Lease et al., 2004, Lease *et al.*, 1998)

Es wurde daher getestet, ob in der Situation des Säureshiftes in den ersten 60 Minuten ein Einfluss von DsrA auf unser Konstrukt zu sehen ist. Tatsächlich kann in einer *dsrA* Mutante beobachtet werden, dass die Dynamik des zellulären GadE-Gehaltes abflacht. Es findet kein signifikanter Anstieg statt (Abbildung 4.23A). Zum anderen wird deutlich, dass bereits zum Zeitpunkt 0 min der GadE-Spiegel in der *dsrA* Mutante erhöht ist und auf diesem erhöhten Niveau nach 30 min verbleibt (Abbildung 4.23B). Dies lässt, statt auf einer Aktivierung der Induktion durch DsrA, vielmehr auf eine Repression im uninduzierten Zustand schliessen. Das heisst, dass DsrA möglicherweise die Translation von *gadE* inhibiert, solange kein Säuresignal vorliegt, und die schnelle Induktion der Translation beruht auf einer vorübergehenden Inaktivierung dieser Inhibition durch DsrA.

Es kann sein, dass DsrA auch in diesem Konstrukt noch über σ^S oder GadX auf die Induktion der GadE-Synthese wirkt, denn DsrA aktiviert die *rpoS*-Translation und σ^S wiederum könnte eine kleine RNA innerhalb des Säurestress-Netzwerkes aktivieren, welche Einfluss hat auf die *gadE*-Translation. Infrage käme dafür zum Beispiel GadY, die kleine RNA, die in Antisense-Richtung stromabwärts von *gadX* liegt und dessen Expression positiv beeinflusst. Es wurde daher in dem translationalen Konstrukt die Säureinduktion im *rpoS⁻* und *gadX⁻* Hintergrund getestet. Desweiteren wurde eine *lon* Mutante untersucht, um zu sehen, ob der bereits erwähnte Effekt der Lon Protease auf die GadE-Synthese eventuell mit der Translationskontrolle zusammenhängt. (Abbildung 4.24).

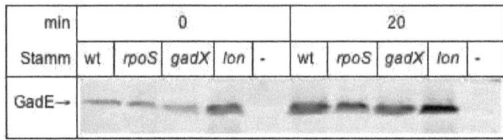

Abbildung 4.24: Die translationale Induktion der GadE-Synthese durch Säureshift ist nicht abhängig von GadX, σ^S oder Lon.
Die Zellen mit dem Plasmid, auf welchem die *gadE* mRNA kodiert ist, kontrolliert von einem heterologen tac Promotor, wurden im wt Hintergrund *rpoS⁻*, *gadX⁻* und *lon⁻* Hintergrund (alle in MC4100 *gadE⁻*) in M9/Glucose/log Phase von pH 7 zu pH 5,5 durch Zugabe von MES geshiftet. Proben für GadE-Immunoblots wurden nach 0 und 20 min genommen. Die Negativ-Kontrolle ist MC4100 *gadE⁻* mit Leerplasmid.

Die *rpoS* Mutante zeigt die gleiche Induktionsstärke der GadE-Synthese wie der Wildtyp nach kurzfristigem Säureshift. Ebenso hat die *gadX* Deletion keinerlei Auswirkung. In der *lon* Mutante ist der GadE-Gehalt erhöht, wohl aufgrund der Stabilisierung von GadE und es findet ein weiterer Anstieg nach Säureshift statt. Die Translationskontrolle von *gadE* in dieser Situation ist also unabhängig von σ^S, GadX und Lon und wird daher wahrscheinlich direkt durch DsrA-Bindung an die *gadE* mRNA ausgelöst.

4.3.3 DsrA verstärkt die Dynamik des zellulären GadE-Gehaltes nach Säurestressinduktion

Um den Einfluss von DsrA-RNA weiter zu untermauern und festzustellen, ob diese auch im Wildtyphintergrund eine sichtbare Rolle spielt, wurde er im nativen Zustand untersucht. Es wurden Proben vom MC4100 Wildtypstamm 0 und 30 min nach Shift zu pH 5,5 in $dsrA^{+/-}$ Hintergrund entnommen und auf den Gehalt von GadE und σ^S per Immunoblot untersucht. 30 min wurden gewählt, da dort der translationale Anstieg sein Maximum erreicht.

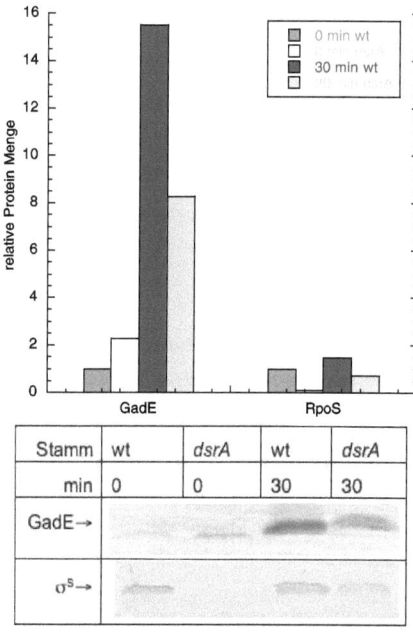

Abbildung 4.25: Auch im Wildtyp zeigt sich eine Abhängigkeit der GadE-Säureshift Induktion von DsrA. Der MC4100 wt Stamm (dunkle Balken) und die dsrA Mutante (helle Balken) wurden in M9 + 0,1% Glucose pH 7 bis OD_{578}=0,5 wachsen gelassen, dann geshiftet zu pH 5,5 und beim Zeitpunkt 0 und 30 min Proben genommen zur TCA-Fällung und Immunodetektion von GadE und RpoS per Immunoblot.

Tatsächlich ist 30 Minuten nach Shift zum sauren pH der GadE-Gehalt deutlich reduziert im dsrA-Hintergrund im Vergleich zum wt Stamm, etwa dem Faktor entsprechend von σ^S nach 30 min $dsrA^{+/-}$. Zum Zeitpunkt 0 min hingegen kann eine Erhöhung des GadE-Gehaltes in der Mutante im Vergleich zum wt beobachtet werden, während auch hier der σ^S-Gehalt in der Mutante verringert ist. Die Abhängigkeit des GadE-Gehaltes von DsrA ist im Wildtyp eine Addition des Effektes von DsrA auf die σ^S-Synthese + des direkten Effektes auf die GadE-Synthese. Dabei agiert DsrA ohne Säurestress gegenläufig an der *rpoS*- und *gadE*-Expression, denn die *rpoS*-Translation wird aktiviert, während die von *gadE* inhibiert wird. Diese konträre Regulation bewirkt eine Verstärkung der Dynamik des GadE-Gehaltes bei Säureshift, da transkriptionale Aktivierung von *gadE* durch σ^S und translationale Inhibierung/Derepression bei Säureshift stattfinden. In der *dsrA* Mutante zeigt sich dementsprechend eine Nivellierung der Dynamik von GadE.

Die mögliche Sekundärstruktur der mRNA von *gadE* wurde berechnet im Mfold-Programm von Martin Zucker. Dafür wurden die ersten 250 Nukleotide ab dem Transkriptionsstartpunkt (bei −124 relativ zum Translationsstart) verwendet. Zusätzlich wurde auch die Struktur der mRNA unseres oben beschriebenen Konstruktes mit den zusätzlichen 45 Nukleotiden des Vektors stromaufwärts des *gadE* Transkriptionsstartes bioinformatisch berechnet, um sicher zu gehen, dass die grundlegenden Faltungsmuster durch die zusätzliche Sequenz nicht beeinflusst wird. In Abbildung 4.26 ist lediglich die besonders auffällige Struktur um die Shine-Dalgarno-Sequenz gezeigt. In allen Berechnungen war diese Loop-Struktur vorhanden, in welcher die Ribosomenbindestelle (rot markiert) und das Startkodon (mit +1 markiert) in fester Basenpaarbindung vorliegen.

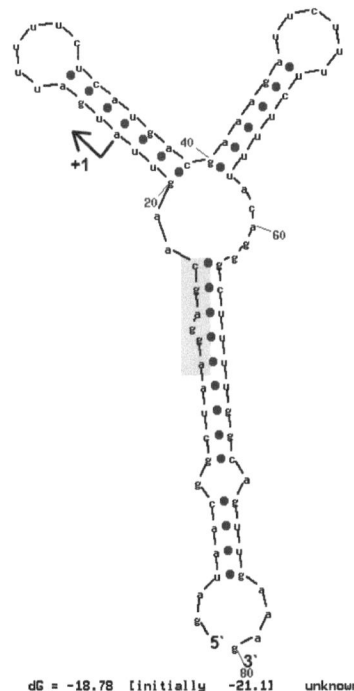

Abbildung 4.26: Die Ribosomenbindestelle und das Startkodon liegen in Basenpaarung in der *gadE* mRNA Sekundärstruktur vor.
Struktur des 5` Endes der *gadE* mRNA Berechnet wurde die Struktur für die ersten 250 Nukleotide ab dem Transkriptionsstart bei −124 relativ zum Translationsstart mit dem im Internet verfügbaren Mfold-Programm von Zucker M., 1999. Gezeigt ist nur der Loop um die Shine-Dalgarno-Sequenz herum, der in allen Berechnungen vorhanden war.

Ergebnisse

4.4 Die Struktur des σ^S/GadE/GadX-Regulationsnetzwerk

Aufgrund seiner Komplexität sind viele prinzipielle Fragen bezüglich des Regulationsnetzwerkes der Säurestressantwort immer noch nicht völlig geklärt. Das Regulon betrachtend als ein Subregulon des σ^S-Netzwerkes, ist durch die Arbeit von Harald Weber deutlich geworden, dass die σ^S-vermittelte Kontrolle über GadX und GadE zu den Effektorgenen verläuft (Weber et al., 2005). Jedoch konnte bislang nicht zufriedenstellend geklärt werden, ob GadX selbst nur die *gadE*-Transkription stimuliert oder auch direkt am *gadB* Promotor (und anderen Targetpromotoren) wirkt. Genauso ist nicht gezeigt, ob der *gadE* Promotor von vegetativer oder σ^S–haltiger RNAP trankribiert wird, d.h. nur indirekt oder auch direkt von σ^S aktiviert wird. Es wurde also in dieser Arbeit versucht, diese wichtigen Motive der Netzwerkstruktur aufzuklären, da sie zu Dynamik und Fine-tuning der Säurestressantwort und eventuell andere über GadE/GadX gesteuerte Antworten beitragen.

In vorangegangenen DNA Microarray-Studien konnte außerdem gezeigt werden, dass es offensichtlich verschiedene Gengruppen innerhalb des Netzwerkes bezüglich der Abhängigkeit von GadE und GadX gibt (Weber, 2007):

- Die *gad/hde* Gene - Gruppe Ia - benötigen beide Regulatoren, um vollständig induziert zu werden, wobei GadE essentiell ist, GadX hingegen ein positiver Modulator ist

- Eine weitere Gruppe - Gruppe II - braucht ausschließlich GadX als Aktivator und ist GadE-unabhängig.

- Eine dritte Gruppe von Genen - Gruppe Ib - braucht zur vollen Aktivierung wie Gruppe Ia beide Regulatoren, GadE ist jedoch nicht essentiell.

Mithilfe von Deletionsmutanten von *rpoS*, *gadX* und *gadE* und LacZ-Fusionen zu *gadX*, *gadE*, *gadB* (als Repräsentant der Gruppe Ia) und *slp* (als Repräsentant der Gruppe II) konnte das Netzwerk mit den folgenden Versuchen, geschildert in 4.4.1 bis 4.4.3, unter den induzierenden Bedingungen, die bereits definiert wurden, aufgeklärt werden.

4.4.1 LacZ-Reportergenfusions-Studien unter unterschiedlichen Bedingungen bestätigen unabhängige und überlappende Regulons für GadE und GadX

Um das Verhalten der beiden Gengruppen Ia und II in Bezug auf die Regulatoren σ^S, GadE und GadX zu testen, wurden Reportergen-LacZ-Fusionen konstruiert, die beide Gruppen repräsentieren - *gadB::lacZ* für Gruppe Ia und *slp::lacZ* für Gruppe II. Das Verhalten dieser Fusionen wurde unter den

Ergebnisse

bereits vorher untersuchten induzierenden Bedingung beobachtet – M9/LB: permanentes Wachstum bei pH 5,5 (M9) bzw. pH 5 (LB) mit Probennahme in der logarithmischen Phase (OD$_{578}$=0,5), stationäre Phase pH 7 und pH 5,5/pH 5, Shift von pH 7 zu pH 5,5/pH 5 in der logarithmischen Phase - im Wildtyp *Escherichia coli* MC4100 und in den Mutantenhintergründen *gadE::kan*, *gadX::cat* und *rpoS::Tn10*.

Zusätzlich wurde die Expressionsstärke von *gadE::lacZ* und *gadX::lacZ* in den gleichen Mutantenhintergründen untersucht, um den Einfluss auch auf diese zu sehen, also Autoregulation und

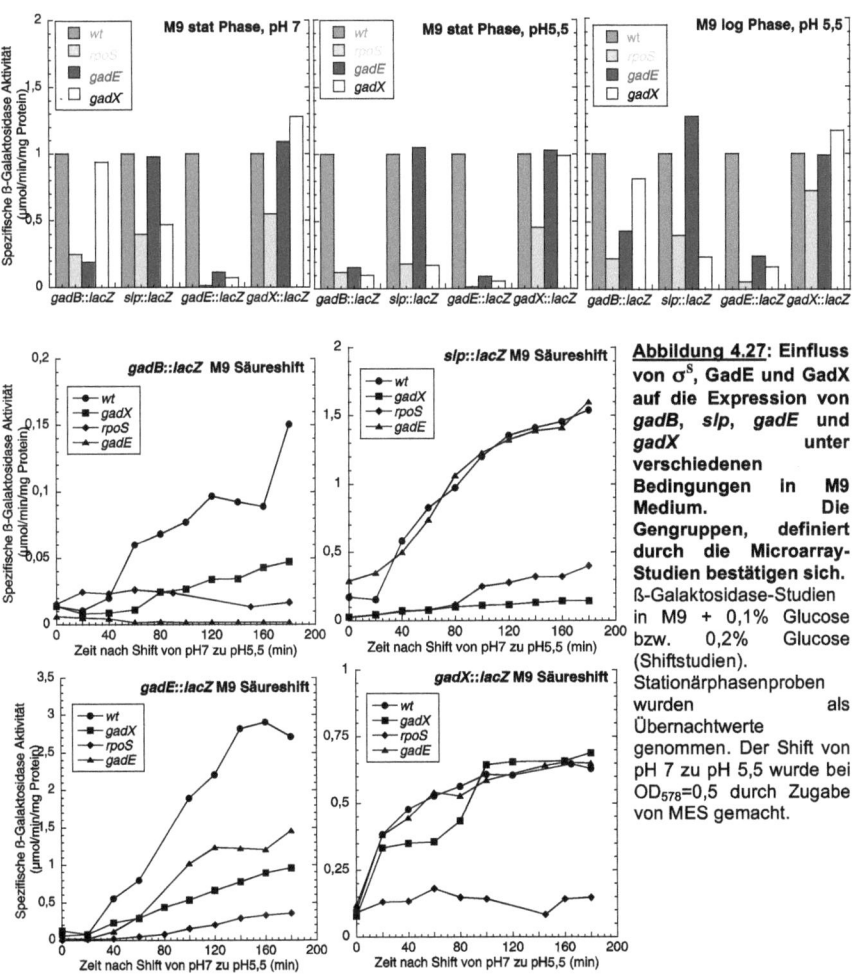

Abbildung 4.27: Einfluss von σ^S, GadE und GadX auf die Expression von *gadB*, *slp*, *gadE* und *gadX* unter verschiedenen Bedingungen in M9 Medium. Die Gengruppen, definiert durch die Microarray-Studien bestätigen sich. ß-Galaktosidase-Studien in M9 + 0,1% Glucose bzw. 0,2% Glucose (Shiftstudien). Stationärphasenproben wurden als Übernachtwerte genommen. Der Shift von pH 7 zu pH 5,5 wurde bei OD$_{578}$=0,5 durch Zugabe von MES gemacht.

Ergebnisse

wechselseitige Regulation und den Einfluss von σ^S auf dieser Ebene. Im Falle von *gadE* wurde zur Transkriptionsaktivitäts-Messung die lange *gadE::lacZ* Fusion verwendet, welche alle regulatorischen Bereiche stromaufwärts des Promotors enthält.

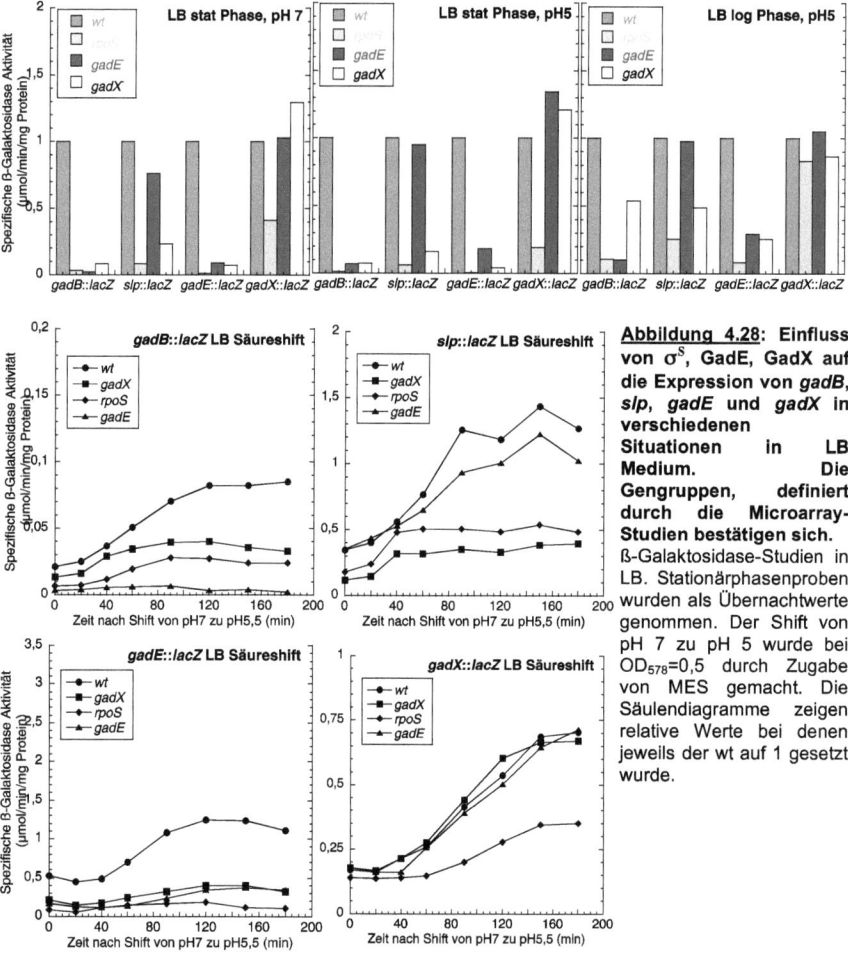

Abbildung 4.28: Einfluss von σ^S, GadE, GadX auf die Expression von *gadB*, *slp*, *gadE* und *gadX* in verschiedenen Situationen in LB Medium. Die Gengruppen, definiert durch die Microarray-Studien bestätigen sich. ß-Galaktosidase-Studien in LB. Stationärphasenproben wurden als Übernachtwerte genommen. Der Shift von pH 7 zu pH 5 wurde bei $OD_{578}=0,5$ durch Zugabe von MES gemacht. Die Säulendiagramme zeigen relative Werte bei denen jeweils der wt auf 1 gesetzt wurde.

Abbildung 4.27 zeigt die Aktivitäten in den verschiedenen Bedingungen in M9/Glucose Medium, während die Daten in LB Medium in Abbildung 4.28 zu finden sind. Unter allen Bedingungen sind die Ergebnisse konsistent miteinander und mit den Microarraydaten. Es kann eindeutig bestätigt werden, dass die *gadB*-Expression unter allen Bedingungen abhängig ist von σ^S, GadE und GadX, wobei GadE essentiell ist. *Slp* hingegen ist von σ^S und GadX abhängig, jedoch nicht von GadE, auch das unter allen Bedingungen. Die *gadX*-Expression ist lediglich von σ^S abhängig, während *gadE* neben der Aktivierung durch GadX und σ^S auch Autoaktivierung zeigt. Damit wird die Einteilung in die beiden Gengruppen Ia und II bestätigt.

Andere feinere Beobachtungen sind zum Beispiel, dass die *gadX*-Transkription meist nur teilweise σ^S-abhängig ist und keine Autoregulation zeigt. GadX fungiert fast immer als Modulator, nicht als essentieller Aktivator. Die Aktivität von *gadB* ist unter manchen Bedingungen nicht mehr GadX-abhängig (M9 pH 7 stationäre Phase, M9 pH 5,5 logarithmische Phase). Was die kinetischen Studien der Shiftsituationen betrifft, ist es interessant zu sehen, dass die Expression von *gadB*, *slp* und *gadE* langsam verläuft, während *gadX* in M9 Medium (aber nicht in LB Medium) eine sehr schnelle Induktion aufweist. Gleichzeitig ist auch diese schnelle *gadX*-Aktivierung extrem σ^S-abhängig. Der σ^S-Spiegel selbst ist leicht erhöht in M9 Medium, steigt allerdings nach Säureshift noch an und zwar ebenfalls schnell und vorübergehend (Abbildung 4.29). Die Synthese von GadX scheint also speziell in dieser Phase direkt mit dem σ^S-Gehalt zusammenzuhängen. Interessant ist dieser Befund vor allem im Zusammenhang mit der translationalen Regulation von *gadE*, welche ebenfalls eine schnelle Erhöhung von GadE bewirkt.

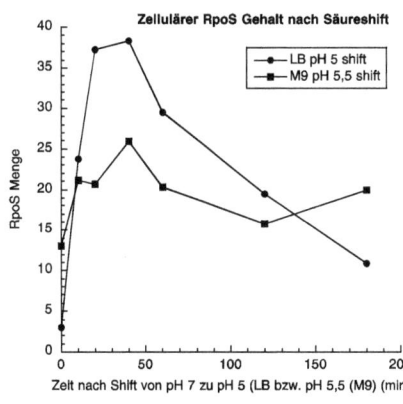

Abbildung 4.29: Die Kinetik des σ^S-Gehaltes nach Säureshift in M9 und LB. MC4100 wurde bei pH 7 in M9/0,1 % Glucose bzw. LB bis OD$_{578}$=0,5 wachsen gelassen und dann mit 170 mM MES auf pH 5,5 (M9) bzw. pH 5 (LB) geshiftet. Proben wurden zu den angegebenen Zeitpunkten entnommen und Westernblots mit σ^S-Immunodetektion durchgeführt.

4.4.2 Der Sigmafaktor σ^S aktiviert *gadE* und *slp* nicht nur über GadX, sondern auch direkt, d.h. über einen Feedforward Loop.

Eine offene Frage ist, ob es unabhängig von der Kaskade über GadX, auch eine direkte Aktivierung von den Effektorgenen *gadE* und *slp* durch σ^S gibt. Der Befund, dass die *rpoS* Mutante in Bezug auf *gadE* geringere Expressionsstärken aufweist als die *gadX* Einfachmutante, ist bereits ein Hinweis darauf. Es wurde die Expression von *gadE::lacZ* bzw. *slp::lacZ* in den *gadX* und *rpoS* Mutanten und der *gadX rpoS* Doppelmutante getestet, um zu untersuchen, ob die zusätzliche Deletion von σ^S in *gadX* die Aktivität noch weiter verringert.

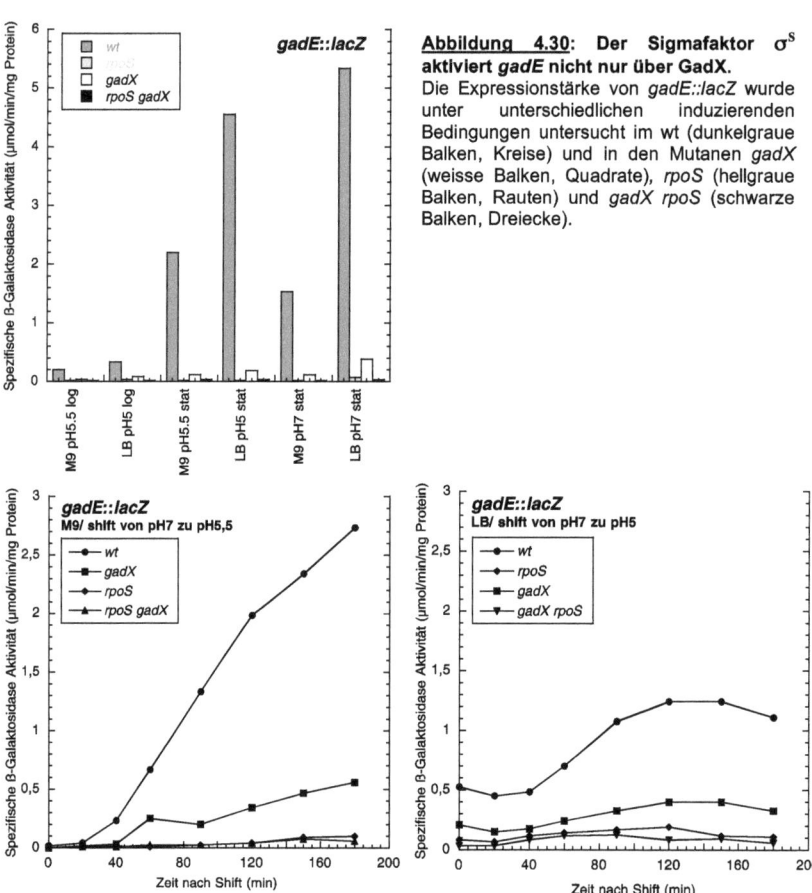

Abbildung 4.30: **Der Sigmafaktor σ^S aktiviert *gadE* nicht nur über GadX.**
Die Expressionsstärke von *gadE::lacZ* wurde unter unterschiedlichen induzierenden Bedingungen untersucht im wt (dunkelgraue Balken, Kreise) und in den Mutanen *gadX* (weisse Balken, Quadrate), *rpoS* (hellgraue Balken, Rauten) und *gadX rpoS* (schwarze Balken, Dreiecke).

GadX bindet im *gadE*-Promotorbereich vermutlich sehr weit stromaufwärts (Sayed *et al.*, 2007). Welcher Sigmafaktor für die Transkription von *gadE* verantwortlich ist, ist nicht geklärt. Es wurde allerdings davon ausgegangen, dass *gadE* vor allem von Eσ^{70} transkribiert wird, da es Situationen gibt, in welchen die GadE-Synthese zumindest teilweise σ^S-unabhängig ist, wie zum Beispiel permanentes Wachstum bei niedrigem pH und in LB/Glucose Medium (Ma *et al.*, 2004)

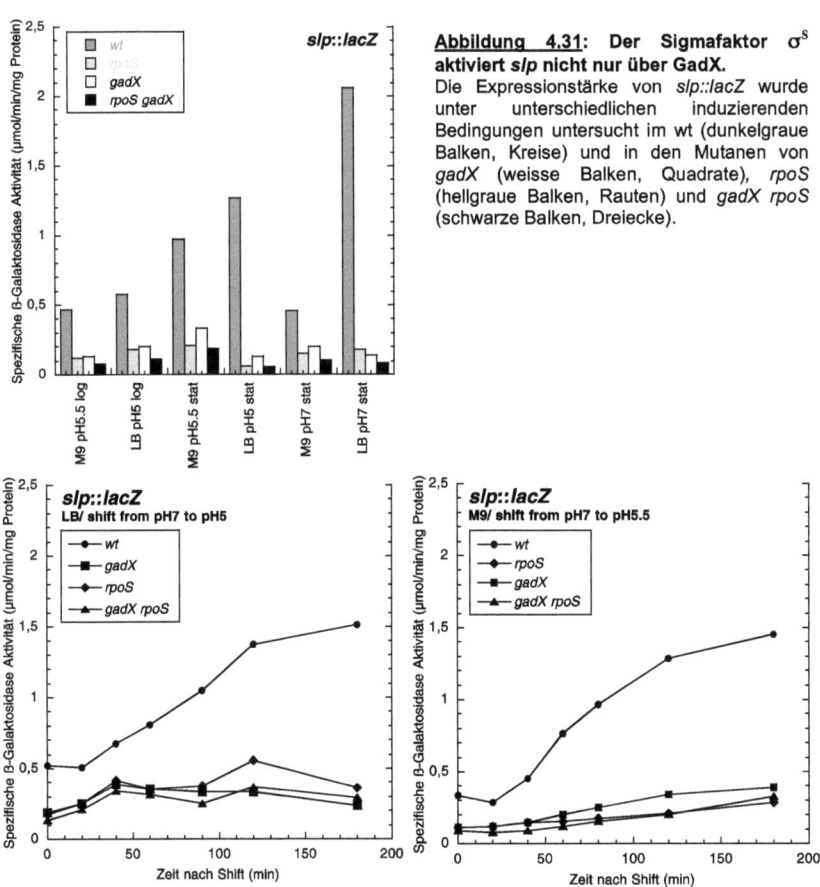

Abbildung 4.31: Der Sigmafaktor σ^S aktiviert *slp* nicht nur über GadX.
Die Expressionstärke von *slp::lacZ* wurde unter unterschiedlichen induzierenden Bedingungen untersucht im wt (dunkelgraue Balken, Kreise) und in den Mutanen von *gadX* (weisse Balken, Quadrate), *rpoS* (hellgraue Balken, Rauten) und *gadX rpoS* (schwarze Balken, Dreiecke).

In Abbildung 4.30 kann man sehen, dass unter allen getesteten induzierenden Bedingungen die Expression der *gadE::lacZ* Fusion in der *gadX rpoS* Doppelmutante gegenüber der *gadX* Einfachmutante noch weiter reduziert ist und etwa auf dem Niveau der *rpoS* Einfachmutante. Dies lässt den Schluss zu, dass *gadE* von σ^S nicht nur indirekt über GadX reguliert wird, sondern auch über einen GadX-unabhängigen Weg, also ein Feedforward Loop für die *gadE* Regulation besteht. Dabei lässt sich bisher nicht sagen, ob σ^S selbst am *gadE*-Promotor aktiv ist oder ob der Sigmafaktor einen anderen Regulator von *gadE* induziert. Die beschriebenen Promotoren von *gadE* weisen keinen typischen Konsensus zu σ^S-abhängigen Promotoren auf (siehe auch Diskussion), was allerdings in Anbetracht der vielen Regulatoren, die für die Bindung der RNAP zusätzlich notwendig sind, keine grosse Aussagekraft hat, auch da diese dem Promotor für Eσ^S die Spezifität geben könnten.

Hat der Sigmafaktor σ^S auf *slp* ebenfalls einen direkten Effekt, der nicht über GadX läuft? Die ß-Galaktosidase-Studien in den *gadX*, *rpoS*⁻ Einfachmutanten und der *gadX*⁻ *rpoS*⁻ Doppelmutante lassen diese Schlussfolgerung auch hier zu. Die Expression in der Doppelmutante liegt immer unter dem Expressionsniveau der Einfachmutanten. Jedoch ist in verschiedenen Situationen zu beobachten, dass die *rpoS* Mutante ähnliche Expressionsaktivität zeigt, wie die *gadX* Mutante. Dies weist darauf hin, dass entweder auf Höhe von GadX oder auf dem Weg $\sigma^S \rightarrow$ *slp* ein weiterer Signaleingang vorliegt. Oder die GadX-Abhängigkeit von *slp* ist praktisch komplett, das heisst, Eσ^S und GadX interagieren mit einer echten „Und" Verschaltung am *slp* Promotor.

4.4.3 GadX aktiviert *gadB* nur indirekt über die Aktivierung der *gadE*-Transkription.

Um zu untersuchen, ob GadX einen direkten oder indirekten (über GadE) auf *gadB* hat, musste, da GadE essentiell für die Expression von *gadB* ist, *gadE* auf Plasmid kloniert werden, hinter einen synthetischen σ^S-abhängigen Promotor, so dass der *gadE* Promotor von der GadX-Aktivierung entkoppelt ist. Als Promotor verwendeten wir den synp9 (Becker & Hengge-Aronis, 2001), der wie nachgewiesen fast vollständig nur von Eσ^S transkribiert wird (Typas *et al.*, 2007). Er ersetzt in dem Plasmid-kodierten Konstrukt den *gadE*-Promotor bei -124 relativ zum Translationsstart (Weber et al., 2005). Es fehlen damit also stromaufwärts von *gadE* alle regulatorischen Bereiche, vor allem die beschriebenen GadX-Binderegionen, eine σ^S-abhängige Stationärphaseninduktion findet jedoch statt. Stromabwärts wurde der gesamte ORF erfasst. Es wurde das Plasmid pACYC184 verwendet, da dieses in niedriger Kopienzahl in der Zelle vorliegt, so dass physiologische Konzentrationen des kodierten Produktes zu erwarten sind. Da unter allen induzierenden Bedingungen zumindest teilweise σ^S-Abhängigkeit der *gad/hde* Expression besteht, konnte *gadE* so relativ nahe zu den nativen Bedingungen σ^S-abhängig, aber eben GadX-unabhängig, induziert werden.

Es wurde also die Expression von *gadB::lacZ* gemessen im *gadE*⁻ Hintergrund, kompensiert durch das von Plasmid exprimierte GadE, in *gadX*⁺/⁻, um die direkte GadX-Abhängigkeit von *gadB* zu untersuchen. Die ß-Galaktosidase-Aktivität wurde in pH 7 und pH 5 bzw pH 5,5 in LB und M9/Glucose und in der Säureshift-Situation gemessen. Mithilfe von Anti-GadE Immunoblot Analyse wurde ausserdem in den induzierten Proben kontrolliert, ob tatsächlich der Gehalt an GadE in *gadX*⁺/⁻

Ergebnisse

nicht voneinander abweicht (Daten werden nur von der M9 Säureshift Situation gezeigt, Abbildung 4.33).

Die Ergebnisse in Abbildung 4.32 zeigen eindeutig, dass plasmid-kodiertes *gadE* die *gadE* Mutation komplementiert, dass aber GadX keinen direkten Einfluss auf die *gadB* Expression hat, denn in keiner der untersuchten Situationen gab es einen Unterschied zwischen *gadX*$^+$ und *gadX*$^-$ in der Aktivität von *gadB::lacZ*. GadX aktiviert also die GadE-Synthese, welches wiederum *gadB* aktiviert. Die Aktivierung durch GadE ist, wie hier wiederum zu sehen ist, essentiell, denn in allen Situationen findet in der Kontrolle (leeres Plasmid) keinerlei *gadB*-Aktivität statt. Auffällig ist die fehlende Induktion bei M9 Säureshift und die schwache bei LB Säureshift. Diese schwache Induktion ist auf ebenfalls niedrige GadE-Synthese zurückzuführen (wie für M9 in Abbildung 4.33 gezeigt). Offensichtlich reicht die Aktivierung des synp9-Promotors nicht aus in dieser Situation, obwohl, wie vorher gezeigt, die Säureshift-Induktion stark σ^S-abhängig ist und der σ^S-Spiegel in dieser Situation

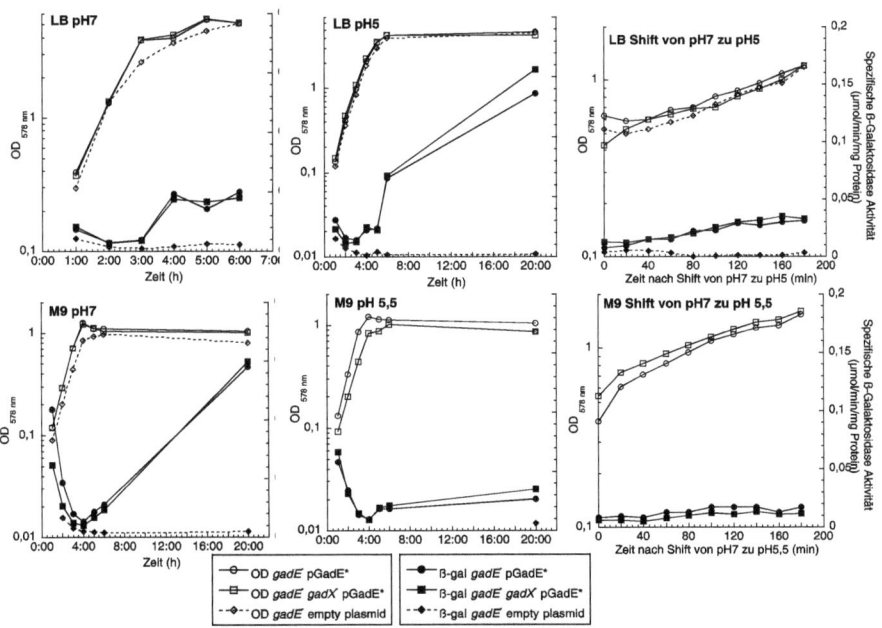

Abbildung 4.32: GadX aktiviert die Expression von *gadB* nur indirekt über GadE.
ß-Galaktosidase-Studie von *gadB::lacZ* in *gadE*$^-$ Hintergrund mit Plasmid-kodiertem *gadE*, kontrolliert von dem synthetischen σ^S-abhängig Promotor synp9 (pGadE*) in *gadX*$^+$ (Kreise) und *gadX*$^-$ (Quadrate). Optische Dichte wird durch offene Symbole gezeigt und spezifische ß-Galaktosidase-Aktivität durch geschlossene. Die Wachstumsbedingungen waren wie angegeben. Als Kontrolle wurde das Plasmid ohne *gadE* mitgemessen (Raute, gestrichelte Linie).

ansteigt. Möglicherweise ist GadX-Bindung an den *gadE* Promotor hier für die Aktivierung absolut essentiell, um der Polymerase die Transkription zu ermöglichen. Eine andere Möglichkeit wäre, dass die translationale Derepression abhängig ist von stromabwärts des ORF liegenden mRNA Sequenzen, die auf diesem Konstrukt nicht vorhanden sind. Eine wahrscheinlichere Erklärung wäre jedoch, dass unter diesen Bedingungen besonders die positive Autoregulation von GadE bbenötigt wird, die es im Plasmid-Konstrukt nicht gibt.

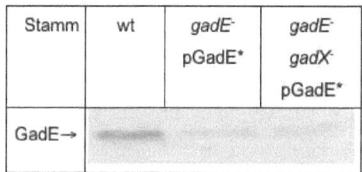

Abbildung 4.33: Die GadE Synthese von pGadE* wird bei Säureshift in M9/Glucose nicht induziert.
Proben vom MC4100 wt, MC4100 *gadE⁻* pGadE* und *gadE⁻ gadX⁻* pGadE* wurden 180 min nach Shift von pH 7 zu pH 5,5 entnommen und GadE per Immunoblot detektiert.

4.4.4 Notiz: GadW kontrolliert nicht den zellulären Gehalt von σ^S

Der AraC-ähnliche Regulator GadW ist beschrieben als Repressor der Transkription von *gadX*, *gadA* und *gadBC*, während er auf die *gadE*-Transkription als Aktivator wirkt. Es wurde gezeigt, dass GadW den zellulären σ^S-Gehalt im neutralen Medium negativ kontrolliert und dadurch den reprimierenden Effekt auf die Säurestress-Kaskade ausübt. Der Gehalt an σ^S bei pH 5,5 soll im *gadW* Hintergrund stark erhöht sein (Ma et al., 2003b). Um zu untersuchen, ob das Säureresistenzsystem wirklich einen solchen Feedback durch den selbst σ^S-abhängigen Regulator GadW auf σ^S zurück beinhaltet, wurde versucht diese Rolle von GadW bei uns zu reproduzieren ist. Das gleiche Experiment wurde daher wie in der Publikation Ma et al beschrieben, wiederholt. Die Proben wurden von wt und *gadW* Mutanten in der logarithmischen Phase M9/Glucose pH 7 und pH 5,5 entnommen und mittels Anti-σ^S-Immunoblot der Gehalt an σ^S sichtbar gemacht.

Stamm	wt		gadW	
pH	pH 7	pH 5,5	pH 7	pH 5,5
σ^S				

Abbildung 4.34: GadW hat keinen Einfluss auf den σ^S-Gehalt.
Kulturen von MC4100 wt und *gadW* wurden in M9 + 0,1% Glucose bei pH 7 oder pH 5,5 bis OD$_{578}$=0,5 herangezogen, dann Proben entnommen. Detektion mittels σ^S–Immunoblot.

In Abbildung 4.34 ist zu sehen, dass GadW keinerlei Einfluss auf den σ^S-Spiegel hat. Wie auch schon vorher gezeigt, ist die Erhöhung des σ^S-Gehaltes bei permanentem Wachstum bei moderat niedrigem pH allenfalls minimal. Dieser Befund widerspricht den Ergebnissen, bei welchen unter gleichen Bedingungen ein starker Einfluss von GadW auf den σ^S-Spiegel gezeigt wurde (Ma et al., 2003b).

5. Diskussion

5.1 Microarray-basierte Transkriptomanalyse als Werkzeug zur Identifizierung proteolytisch kontrollierter Regulatoren

Zum Aufspüren proteolytischer Substrate wurden bislang verschiedene Ansätze verfolgt. Ein nahe liegender Ansatz ist die Analyse des Proteoms mittels 2D-Gelelektrophorese in Proteasemutanten im Vergleich zum Wildtyp. Die 2D-Gelelektrophorese ist mittlerweile gut entwickelt und liefert robuste Daten. In unserer Arbeitsgruppe wurden zu diesem Zweck Proteomstudien durchgeführt und es wurden mehrere Proteasesubstrate identifiziert (Weichart et al., 2003). Vor allem das Stationärphasenprotein und ClpXP Substrat Dps wurde detailliert untersucht. (Stephani et al., 2003). Die Methode ist allerdings nicht sehr sensitiv, selbst mit sensitivsten Färbemethoden sind nur Proteine erkennbar, die in relativ grosser Menge in der Zelle vorhanden sind. Regulatoren liegen, anders als Syntheseenzyme oder Strukturproteine, normalerweise nur in geringer Konzentration in der Zelle vor und sind, selbst wenn sie stabilisiert sind, nicht zu sehen auf den Gelen. Dies macht diese Methode für die globale Suche nach Regulatoren, welche proteolytisch kontrolliert werden, ungeeignet. Ein anderer globaler Ansatz nutzt die irreversible Bindung von Proteolysesubstraten durch ein ClpP Derivat, das im katalytischen Zentrum mutiert ist, die ClpP^{trap}. Sie bindet zwar das Substrat fest, kann es aber nicht abbauen, so dass es entfaltet in der proteolytischen Kammer verbleibt. Die ClpP^{trap} ist mit einem Tag versehen, der es ermöglicht sie mitsamt den sequestrierten Proteinen zu reinigen und diese durch Massenspektrometrie zu identifizieren. Auf diese Weise konnte eine grosse Anzahl Proteine identifiziert werden, die von ClpP abgebaut werden (Flynn et al., 2003). Die Schwierigkeit dieser Methode ist, dass möglicherweise Proteine isoliert werden, die mit ClpP lediglich assoziieren, aber keine Substrate sind, sowie Proteine, die aufgrund von Mißfaltung oder fehlerhafter Synthese im Rahmen der Proteinqualitätskontrolle abgebaut werden. Ausserdem werden hier natürlich alle ClpP-Substrate gefunden, von denen Regulatoren nur einen kleinen Teil ausmachen. Dies war bisher die erfolgreichste Methode zur Identifizierung von ClpP-Substraten. Im Anschluss konnten einzelne detektierte Proteine detaillierter auf ihren Abbau hin untersucht werden. Die Verifizierung und Aufklärung der Proteolyse unter anderem von Dps, LexA und weiteren SOS Antwort-induzierten Proteinen und ZntR folgte ausgehend von dieser Methode der Identifizierung (Neher *et al.*, 2003, Flynn et al., 2003, Pruteanu *et al.*, 2007).

Wir experimentierten in dieser Arbeit mit einem indirekten Nachweis, nämlich der globalen Transkriptomanalyse von Proteasemutanten im Vergleich zum Wildtyp, denn Regulatoren lassen sich anhand der Wirkung auf ihre Regulons identifizieren. Da die Microarray Technologie (im Gegensatz zu Proteinchips) gut ausgereift ist - DNA Chips von *Escherichia coli* sind kommerziell verfügbar und die Transkriptionsregulations-Netzwerke von *Escherichia coli* sind bereits sehr gut charakterisiert -

Diskussion

war dies eine einfach auszuführende und vielversprechende Methode. Als Resultat konnten wir Regulons identifizieren, die Lon- und ClpP-abhängig differenziell exprimiert werden, und die Microarraydaten konnten per LacZ-Genfusionen bestätigt werden.

Die Lon$^{+/-}$-Arrays konnten intern verifiziert werden durch das Auftreten differenzieller Expressionsstärke von Regulons bekannter Lon-Substrate, wie dem RcsA-Regulon der Kapselpolysaccharid-Synthesegene, welches stark hoch reguliert ist in *lon*⁻. In erster Linie führte die Identifizierung der Gene des Glutamat-abhängigen Säureresistenz-Systemes zu der detaillierten Aufklärung des Proteolyse-Einflusses auf dieses Netzwerk (s.u.).

Durch die Microarray-Analyse von ClpP$^{+/-}$ Zellen konnte das Regulon der Glutamat-abhängigen Säureresistenzantwort ebenfalls als eindeutig ClpP-abhängig reguliert identifiziert werden. Dies ist auch ein Beispiel für einen spezifischen Einfluss von ClpP auf ein Subregulon von σ^S, welcher dem globalen ClpP Einfluss durch den Abbau von σ^S entgegengerichtet ist und nicht detektiert werden kann, solange der Einfluss von σ^S vorherrscht. ClpP übernimmt im Säureresistenz-System also eine bislang nicht verstandene Feineinstellungsfunktion.

Auf den ClpP$^{+/-}$-Arrays wurden erstaunlich wenige und nur moderat differenziell regulierte Gene gefunden, von welchen lediglich die *gad/hde* Gene eindeutig einem Regulon zuzuordnen waren. Diese Studie wurde im *rssB*⁻ Hintergrund durchgeführt, was einen erhöhten und nicht mehr ClpP-regulierten Spiegel des Stress-Sigmafaktors σ^S bewirkt, der sich dahingehend äussert, dass ein grosser Teil des Regulons der generellen Stressantwort leicht erhöht sein sollte. Möglicherweise führt diese moderat erhöhte generelle Stressantwort zu den moderaten Ratios, die dann das zusätzliche Deletieren der ClpP Protease bewirkt, bei welchen die Schwelle der Signifikanz bald erreicht ist. Dieser Befund kann auch durch die Kompensation anderer Proteasen erklärt werden. Viele Regulatoren werden von mehr als einer Protease abgebaut und eine andere Protease – z.B. ClpYQ, Lon, etc. - könnte, selbst wenn sie normalerweise nicht die hauptsächlich für den Abbau eines Regulators verantwortliche Protease ist, bei Deletion von ClpP, die Proteolyse mit erhöhter Effizienz übernehmen. Der Unterschied der Microarray-Studien diesbezüglich zwischen den Lon$^{+/-}$-Arrays, in welchen viele Gene mit hohen Ratios zu finden waren, und den ClpP$^{+/-}$-Arrays könnte auf eine generell höhere Redundanz der ClpP-abhängigen Proteolysekontrolle hindeuten. Möglicherweise haben ClpP-abhängige Systeme mehr Back-up Mechanismen, so wie bereits ClpAP und ClpXP sehr stark überlappende Substratspektren haben. Die Lon Protease hat als Substrate einige zentrale Regulatoren, die sie direkt, spezifisch und schnell abbaut, wobei sie die allein verantwortliche Protease zu sein scheint (RcsA, SulA, etc.). Unter Umständen ist diese fehlende Redundanz ein Charakteristikum der Lon-abhängigen regulatorisch wirksamen Proteolyse.

Als Medien- und Wachstumsbedingung zum Auffinden regulatorisch wirksamer Substrate wurde hier die logarithmischen Phase/Minimalmedium gewählt, in welcher manche Stress-Regulatoren

Diskussion

permanent abgebaut werden, um bei Eingang eines spezifischen Stress-Signales stabilisiert zu werden und somit eine schnelle Reaktion des entsprechenden Systemes zu erzielen, wie es bei σ^S gezeigt ist. Weitere Studien nach dieser Methode könnten unter anderen Bedingungen unternommen werden, die gleichermassen nicht-gestresst, jedoch präpariert für mögliche Stresseintritt sind, um weitere Regulons bzw. Regulatoren zu identifizieren, z.B. die logarithmische Phase/Vollmedium oder Minimalmedium mit anderen C-Quellen. Auch die lag Phase nach der stationären Phase bei Wiedereintritt in Medium, das Wachstum ermöglicht, könnte untersucht werden, denn hier ist der Abbau vieler Regulatoren der stationären Phase notwendig, die obsolet werden im ungestressten Zustand, wie im Falle von Dps (Stephani et al., 2003). Da die Proteolyse häufig die Funktion eines Abschaltmechanismus übernimmt, wie hier im Falle von GadE gezeigt, wäre es sinnvoll, Proteasemutanten auch nach Übergang von anderen gestressten Zuständen (hyper-, hypoosmotischer Stress, Hitzeschock, Kälteschock, Anaerobe Bedingungen, etc) zu nicht-gestresstem Zustand mittels Microarrays zu untersuchen.

Abschliessend kann zusammengefasst werden, dass die differenzielle Transkriptom-Analyse von Proteasemutante versus Wildtyp geeignet ist, Proteolysekontrolle von Regulons zu detektieren. Es war uns möglich, einzelne Fälle zu identifizieren und zu verifizieren und in einem Fall, der Lon-vermittelten Kontrolle des Säureresistenz-Systemes, war die Microarray-Analyse der Ausgangspunkt zur Aufklärung des Mechanismus und seiner Funktion innerhalb eines komplexen regulatorischen Netzwerkes.

5.2 Die Rolle von Lon als regulatorisch wirksamer Protease in *Escherichia coli*

Lon, als eine Haupt-Protease der Proteinqualitätskontrolle, führte bislang eher ein Schattendasein als Protease, die ebenfalls regulatorisch wirksam ist, ungeachtet dessen, dass sie ursprünglich sogar durch ihre regulatorische Rolle in der RcsA-Kontrolle identifiziert worden war (Torres-Cabassa & Gottesman, 1987, Gottesman et al., 1985). Die in dieser Arbeit durchgeführten Transkriptomstudien und darauf folgende Versuche machen deutlich, dass Lon sehr präzise eingreift in eine grössere Anzahl regulatorischer Geschehnisse. Neben den bekannten Lon-abhängigen Regulons von RcsA und SulA wird eine Vielzahl stress-induzierter Gene des σ^S-Regulons in hohem Maße differenziell transkribiert im *lon*⁻ Hintergrund. Insgesamt wurden 38 σ^S-abhängige Gene gefunden unter 106 verstärkt exprimierten Genen im *lon*⁻ Hintergrund. Dies ist in Anbetracht dessen, dass etwa 10 % der Gene von *Escherichia coli* σ^S-abhängig sind (Weber et al., 2005), eine auffällige Häufung. Die Möglichkeit, dass Lon die Synthese oder Aktivität des Stress-Sigmafaktors σ^S selbst negativ beeinflusst, wurde jedoch im Rahmen dieser Arbeit ausgeschlossen. Der σ^S-Spiegel ist in beiden

Stämmen gleich, was darauf schliessen lässt, dass weder Synthese noch Stabilität von Lon beeinflusst werden. Es wurde kein σ^S-Aktivitäts-spezifizierender Faktor gefunden (z.B. Crl oder Rsd), welcher unterschiedlichen Gehalt oder Stabilität in der *lon* Mutante aufweist. Ebenso zeigte der ausschliesslich und sehr sensitiv σ^S-abhängige synp9-Promotor keine ausgeprägte Expressionssteigerung in der *lon* Mutante. Weder Synthese, Stabilität noch Aktivität von σ^S sind also in der *lon* Mutante verändert, um die Expressionsaktivierung σ^S-abhängiger Gene zu erklären.

Lon wirkt somit also auf einige Subregulons des generellen Stressantwort-Netzwerkes vermutlich direkt, indem es deren spezifische Regulatoren abbaut. Dies ist der Fall beim Einfluss von Lon auf das Säurestress-Regulon und wurde im Rahmen dieser Arbeit im Detail gezeigt. Lon baut den zentralen Aktivator GadE der *gad/hde* Gene konstitutiv, also unter allen getesteten Bedingungen, ab, dadurch das schnelle Abschalten der Säurestressantwort gewährleistend. Ähnlich agiert Lon auch bei den Regulatoren SoxS und MarA. Diese beiden miteinander eng verwandten Aktivatoren der oxidativen Stressantwort und der multiplen Antibiotika-Resistenz werden ebenfalls schnell und konstitutiv abgebaut, um ebenso das schnelle Abschalten der entsprechenden Regulons bei Ausbleiben des Signales zu ermöglichen (Griffith et al., 2004). Lon tritt in all diesen Fällen - RcsA, SulA, SoxS, MarA und GadE - als Protease natürlich instabiler Regulatoren auf. Es sind wahrscheinlich keine weiteren Adaptorproteine zur Erkennung notwendig. Es wurden zwar in einigen Fällen Aminosäurereste und -domänen definiert, welche für den Abbau wichtig sind (Griffith et al., 2004, Gonzalez *et al.*, 1998, Nishii *et al.*, 2002), diese weisen allerdings keinen Konsensus auf, was die Vermutung bestätigt, dass Lon tatsächlich eher Tertiärstrukturen - zum Beispiel hydrophobe Oberflächen - erkennt als eine konservierte primäre Sequenz. Es ist gut vorstellbar, dass alle diese konstitutiven Substrate von Lon intrinsische Strukturen aufweisen, die sie ständig zum Abbau präsentieren, sofern sie nicht durch Bindung an DNA, wie gezeigt für SoxS (Shah & Wolf, 2006a), oder Dimerisierung mit anderen Proteine, wie für StpA gezeigt (Johansson *et al.*, 2001), kaschiert werden. Eine solche Interaktion ist für GadE bisher nicht gezeigt.

Viele in der Transkriptom-Studie beobachteten Effekte könnten des weiteren auf den fehlenden Abbau von StpA durch Lon zurückzuführen sein, einem Histon-ähnlichen Protein, welches mit H-NS Heterodimere bilden kann, in welchen es vor dem Abbau geschützt ist (Johansson & Uhlin, 1999). Infolge der fehlenden Proteolyse von StpA könnte der Gehalt an freiem H-NS durch Bindung an StpA absinken und H-NS-regulierte Gene dereprimiert werden. Es wurde ein direkter Effekt von Lon auf das H-NS-abhängige Silencing des *bgl* Promotors gefunden, in diesem Fall wurde ein Mitspiel von StpA zwar ausgeschlossen, jedoch ein Zusammenhang zwischen Lon und H-NS-vermittelter Regulation hergestellt (Dole *et al.*, 2004). Auf den Lon$^{+/-}$-Microarrays wurden in der Tat eine ganze Reihe H-NS reprimierter Gene gefunden.

Auch werden die Hitzeschockgene -*mopA*, *mopB*, *clpB* - in der *lon* Mutante induziert, was die

Diskussion

untergeordnete Rolle von Lon in der Hitzeschockantwort beim Abbau von σ^H reflektieren könnte (Kanemori et al., 1997). Auf der anderen Seite akkumulieren in einer *lon* Mutante aufgrund fehlender Proteinqualitätskontrolle mißgefaltete Proteine, welche sekundär eine Hitzeschockantwort auslösen könnten (Rosen et al., 2002).

Weitere zukünftige Studien könnten sich mit der Rolle von Lon bei der Regulation der Gene kodierend für Enzyme des TCA-Zyklus und die Anaerobe Atmung beschäftigen, welche von ArcA/FNR reprimiert werden und von denen viele in der *lon* Mutante in ihrer Expression reduziert sind. Dass Lon eine Rolle bei der Metabolismuskontrolle unter anaerobe Bedingungen spielt, zeigt der Befund, dass *lon* Mutanten während Glucosemangel unter anaeroben Bedingungen weniger überlebensfähig sind als Wildtypzellen (Luo et al., 2008). Die erhöhte Expression dreier prominenter Mitspieler der SOS Antwort - *lexA*, *recA* und *uspE* - könnte auf eine weitere regulatorische Rolle von Lon in diesem System hinweisen. Neben dem bekannten Abbau von UmuD und SulA (Gonzalez et al., 1998, Frank et al., 1996, Nishii et al., 2002), welche Effektor bzw. Subregulator der SOS Antwort sind, kontrolliert Lon hier möglicherweise auch einen übergeschalteten Regulator.

5.3 Die Architektur des Kontroll-Netzwerkes und regulatorische Mechanismen der Säureresistenzgene von *Escherichia coli*

Die Säurestressantwort von *Escherichia coli* ist so optimiert, dass sie sich mit im Magen lebenden Bakterien wie *Helicobacter pylori* messen kann. *E. coli* ist es dadurch ermöglicht, den Magen mit hoher Überlebensrate zu passieren, um den Darm zu besiedeln und ist wahrscheinlich nicht zuletzt deswegen ein solch erfolgreiches Enterobakterium. Die Abwehr der Säure durch die unterschiedlichen Systeme, die Enterobakterien entwickelt haben, kosten allerdings, wenn sie maximal hochgefahren werden, viel Energie. Die Glutamat-Decarboxylasen allein gehören zu ausserordentlich hoch exprimierten Enzymen, wenn sie induziert sind (unsere LacZ-Studien und Microarraydaten). Diese Investition der Zellen ist nur von Vorteil in den Momenten der Bedrohung durch hohe Protonenkonzentration, wird aber zum Nachteil, wenn die Zelle bei Nachlassen des Stresses nicht schnell wieder zum Normalzustand zurückkehrt. So lässt sich erklären, warum die Bakterien einen derart komplexen Regulationsmechanismus entwickelt haben, um dieses System unter Kontrolle zu halten, der alle Ebenen der Regulation - Transkription, Translation und Proteolyse - und eine Mehrinstanzenkaskade ausnutzt. Desweiteren gibt es neben einem multiplen Input aus mehreren Signalkaskaden (Foster, 2004), auch offensichtlich einen multiplen Output, der nicht nur die *gad/hde* Gene beinhaltet, sondern auch Gene, die für andere Strategien der Stressbewältigung und Säuresensorischen Systemen kodieren, die bislang nicht ausreichend verstanden sind (Weber et al., 2005, Tucker et al., 2002, Masuda & Church, 2003, Hommais et al., 2004). Pathogene Enterobakterien

Diskussion

benutzen unter Umständen diese Signalübersetzung zur zeitlich abgestimmten Induktion der Virulenzgene, wie gezeigt für den Virulenz-Regulator Per, der von GadX kontrolliert wird (Shin *et al.*, 2001).

In dieser Arbeit wurde gezeigt, dass der zentrale Aktivator GadE auf mindestens drei Ebenen der Regulation kontrolliert wird (Transkription, Translation und Proteolyse). Es wurde die Struktur dieses Netzwerkes bezüglich der Haupt-Regulatoren und ihrem verzweigten Regulon aufgeklärt und ein Modell entwickelt, das diesen Kontrollebenen besondere Funktionen in der Kinetik des An- und Abschaltens der Säurestressantwort zuordnet.

5.3.1 Die Struktur des σ^S/GadX/GadE-Transkriptionsregulationsnetzwerkes und sein Einfluss auf die Induktion von *gad/hde* und *slp*.

Die Regulation der Gene der Säureresistenzantwort von *Escherichia coli* ist in mehreren Fragen bislang unklar. Ein Punkt betrifft die Rolle und den Wirkort von GadX, einem AraC-ähnlichen Regulator in diesem Netzwerk. Es wurden Bindestellen per Footprints von MalE-GadX im Promotorbereich von *gadA* und *gadB* identifiziert (Tramonti *et al.*, 2006), jedoch wurde in neueren Experimenten dargelegt, dass der Einfluss von GadX auf die *gadA/BC* Effektorgene nicht direkt, sondern nur über die Aktivierung von *gadE* verläuft (Sayed *et al.*, 2007). Diese Experimente wurden allerdings in *Salmonella typhimurium* durchgeführt und der Einfluss von GadX auf die Reportergenfusion *gadB*::*lacZ* in *gadE*⁻ Hintergrund untersucht. Da GadE ein essentieller Aktivator für *gadB* ist ((Ma *et al.*, 2003b), unsere Daten), ist es nicht möglich, in *gadE*⁻ einen direkten Effekt von GadX zu detektieren. Es wurde auch nur eine Mediumsbedingung getestet, obwohl vermutet werden kann, dass in unterschiedlichen Situationen, die Komposition der Regulatoren an den Promotoren unterschiedlich ist und daher GadX in manchen Situationen dennoch an die *gadA/BC* Promotoren binden könnte. Wir konnten durch Einführung eines GadX-unabhängig, stark σ^S-abhängig heterolog synthetisierten GadE systematisch in allen induzierenden Situationen nachweisen, dass GadX tatsächlich keinen direkten Einfluss auf die *gadA/BC* Promotoren ausübt, also nur über GadE wirkt.

Desweiteren konnte im Rahmen der vorliegenden Arbeit eindeutig geklärt werden, dass GadX nicht der einzige Eingang der σ^S-Regulation ist, sondern dass unabhängig von GadX die *gadE*-Transkription ebenfalls direkt von σ^S induziert wird, und zwar unter allen induzierenden Bedingungen. Es handelt sich also hier um einen Feedforward Loop, der über beide Pfade - $\sigma^S\rightarrow$GadX$\rightarrow$*gadE* und $\sigma^S\rightarrow$*gadE* - die Transkription aktiviert. Diese Struktur ist nur sinnvoll, wenn ein zusätzliches, spezifisches Signal auf einem der beiden Pfade perzipiert wird. Eventuell handelt es sich bei diesem Signal um Na⁺-Ionen, wie kürzlich vorgeschlagen, das GadX, aber nicht GadW in seiner Aktivität positiv beeinflusst (Richard & Foster, 2004). Es ist schon seit langem bekannt, dass Na⁺/H⁺-Pumpen eine wichtige Rolle

Diskussion

im pH-Homöostase System der Zellen spielen (Padan *et al.*, 1981, Padan *et al.*, 2005, Lewinson *et al.*, 2004). Unter Umständen besteht die Funktion im Hinauspumpen von Protonen bei erhöhtem Säurestress, wodurch der interne Na^+-Spiegel ansteigt und infolgedessen GadX aktiviert. Der so konstruierte Feedforward Loop fungiert dementsprechend als Rauschfilter und lässt eine maximale Induktion nur zu bei so starkem niedrigem pH-Signal, das trotz der Na^+/H^+-Pumpen den internen pH nicht wirklich anhebt, allerdings den Na^+-Spiegel. Es sind also beide Flügel der Aktivierung, 1. das globale Stress-Signal über σ^S und 2. das spezifischere, das von GadX wahrgenommen wird - Na^+-Ionen - notwendig für die Induktion des *gadE* Promotors. Dazu passt, dass die schnelle Induktion von σ^S und *gadX*-Expression in M9 Säureshift sich nicht sofort auf die untergeschalteten Gene, also *gadE*, übersetzt (Abbildung 4.27 und Abbildung 4.29), sondern dessen Transkriptionsinduktiom langsam verläuft, während die schnelle GadE-Synthese translational gesteuert ist (s.u.). Verstärkt wird die Verzögerung der transkriptionalen Induktion weiter durch die positive Autoregulation von GadE, welche, wie unsere und fremde Daten zeigten, bei Nicht-Bindung von GadX an den *gadE* Promotor essentiell wird (Sayed *et al.*, 2007). Diese Architektur bewirkt den zu beobachtenden langsamen Anstieg der *gadE*-Transkription bei Shift zu niedrigem pH und die damit verzögerte komplette De-novo-Synthese von GadE. Genauso langsam ist die transkriptionale Induktion von *gadA* und *gadBC*. Auf diese Weise verhindert die Zelle eine zu grosse Investition bei nur vorübergehendem niedrigem pH oder bei unspezifischem Stress.

Währenddessen lässt sich beim gleichen Experiment zum Zeitpunkt 0 min beobachten, dass die erhöhte basale Expression von *gadX* komplett σ^S-unabhängig, also wahrscheinlich σ^{70}-abhängig ist. Dies unterstützt auf schöne Weise die Vermutung, dass *gadX* zwei alternative -10 Regionen besitzt, von denen eine von $E\sigma^S$, die andere von $E\sigma^{70}$ erkannt wird (Tramonti *et al.*, 2002). Die von σ^{70} erkannte -10 Region wäre somit für die Expression bei neutralem pH und die σ^S-spezifische für die Expression bei saurem pH verantwortlich. In Tabelle 5.1 sieht man den Promotor von *gadX* mit den beiden alternativen -10 Regionen und einer sehr guten -35 Region. Dieser Promotor enthält gleichermassen Elemente, die für beide Sigmafaktoren vorteilhaft sein können. Für den Promotor ist ebenfalls eine GAD-Box beschrieben (Tucker *et al.*, 2003), was irritierend ist, wenn man die GAD-Box als GadE- oder GadX-Bindestelle einordnet, denn die *gadX*-Transkription ist weder autoreguliert, noch von GadE abhängig, wie die Daten dieser Arbeit eindeutig zeigen.

Zusätzlich zu den *gad/hde* Genen aktiviert GadX, GadE-unabhängig, auch eine andere Gengruppe, von der *slp* ein Vertreter ist. Auch hier konnte gezeigt werden, dass die Kaskade einen Feedforward Loop bildet, denn σ^S induziert in allen Situationen ausser Säureshift auch unabhängig von GadX *slp*. Es ist auffällig, dass die Abhängigkeit der *slp*-Transkription von GadX und σ^S nicht immer essentiell ist. Auch bei Deletion beider Regulatoren zeigt *slp* noch erhöhte Basalexpression. Am höchsten ist die σ^S/GadX-Abhängigkeit in der stationären Phase/LB Medium und bei Säureshift, also den klassischen σ^S-abhängigen Situationen. In der logarithmischen Phase und bei permanentem Wachstum bei

Diskussion

niedrigem pH übernimmt wohl zumindest teilweise Eσ^{70} die Transkription. Auch hier trägt der Promotor spezifizierende Elemente beider Sigmafaktoren und kann so wahrscheinlich von beiden erkannt werden (Tabelle 5.1).

Interessanterweise ist auch hier, trotz Unabhängigkeit von GadE, vor *slp* eine GAD-Box beschrieben in einem idealen Klasse I Aktivierungs-Abstand (Tucker *et al.*, 2003). Es stellt sich daher die Frage, ob entweder die GAD-Boxen vor *gadX* und *slp* kryptisch, nicht mehr funktionstüchtig sind oder es sich bei ihnen nicht um GadE oder GadX-spezifische Bindestellen handelt, sondern auch ein anderer Säurespezifischer Aktivator an diese Sequenz binden kann, eventuell GadW, welcher vor den *gadA*- und *gadB*-Promotoren ohnehin überlappende Bindestellen mit der GAD-Box aufweist (Tramonti et al., 2006). Sollten die GAD-Boxen vor *gadX* und *slp* funktional sein, was durch Deletions-Studien untersuchen werden könnte, so sollte die Rolle der GAD-Box in der Säurestressaktivierung revidiert werden (Castanie-Cornet & Foster, 2001, Tucker et al., 2003, Ma *et al.*, 2003a).

Was grenzt das GadX-kontrollierte Regulon ab von dem GadE- und GadX-kontrollierten? Sicherlich unterscheiden sich die beiden Gengruppen in ihrer Kinetik, hervorgerufen durch die auf posttranskriptionaler Ebene stattfindende stringente Kontrolle des GadE-Gehaltes. Eventuell ist die Reaktion, zumindest die transkriptionale, auf ein Stress-Signal im GadX-Regulon schneller, denn es fehlt eine Instanz in der Kaskade. Die Abschalt-Dynamik wiederum ist vermutlich bei den GadE-abhängigen Genen schneller durch das schnelle Entfernen des zentralen Aktivators GadE mittels Proteolyse. Somit ergeben sich unterschiedliche Dynamiken, bei dem *gad/hde* Regulon sehr stringente und bei dem *slp* Regulon eventuell ausdauerndere. Die Mitglieder der beiden Regulons haben vermutlich dementsprechende Funktionen, die vorübergehend oder permanent gebraucht werden oder stringent kontrolliert werden müssen. Weitere Gene der von GadX kontrollierten und von *slp* repräsentierten Gengruppe sind *ybaS* und *ybaT*, welche schon vorher als GadX-abhängig beschrieben wurden (Tucker *et al.*, 2003) und deren Funktion möglicherweise ein weiteres Protonen-einfangendes System ist mit einer vermutlichen Glutaminase (YbaS) und einem Aminosäure/Amin-Antiporter (YbaT) (Reed *et al.*, 2003). In demselben Operon befindet sich auch das Gen für CueR, welches ein Regulator der Kupferexportgene ist (Petersen & Moller, 2000, Outten *et al.*, 2000). Inwieweit und wann diese eine Rolle bei Säurestress spielen ist ungeklärt. Koreguliert mit *gadA/BC* werden *hdeA*, *hdeB* und *hdeD*, kodierend für Chaperone, welche im induzierten Zustand ebenfalls hoch synthetisierte Proteine sind und daher gleichermassen streng kontrolliert werden müssen *(Kern et al., 2007, Hong et al., 2005)*.

Wir konzentrierten uns bei der Analyse des transkriptionalen Netzwerkes auf die zentralen und die σ^S-Abhängigkeit vermittelnden Regulatoren, während weitere bekannte Regulatoren auf dieses Netzwerk einen nicht unwesentlichen Einfluss haben. So ist RcsB für die GadE-abhängige Aktivierung von *gadA* und *gadB* notwendig, wobei der Signal-Input interessant ist, denn RcsB hat nur uninduziert von

Diskussion

RcsC oder Acetyl-Phosphat eine aktivatorische Wirkung, wird also entweder von einer weiteren Kinase aktiviert oder ist als unphosphorylierter Response Regulator aktiv. Sobald RcsB durch RcsC aktiviert wird, wirkt es als Repressor auf die Gene (Castanie-Cornet *et al.*, 2007).

Der Einfluss des EvgA/YdeO-Feedforward Loops, der einen weiteren σ^S-unabhängigen Signal-Input für die *gadE*-Expression bildet, wird als der regulatorische Loop gesehen, der vor allem verantwortlich ist für die Induktion des Systemes bei permanentem Wachstum bei niedrigem pH (Masuda & Church, 2003, Ma et al., 2004). Im Rahmen der Untersuchungen in dieser Arbeit wurde festgestellt, dass σ^S in dieser Situation auch wichtig ist für die *gadE*- und *gadB*-Transkription, lediglich die *gadX*-Transkription scheint hier σ^S-unabhängig zu sein, allerdings auch YdeO-unabhängig (Daten nicht gezeigt). Die Synthese von σ^S und GadE sinkt insgesamt ab bei permanentem Wachstum bei pH 5. In ß-Galaktosidase-Studien konnten wir den beschriebenen Effekt von YdeO auf die *gadE*-Expression in dieser Situation nicht sehen, auch bei Säureshift sahen wir keinerlei Einfluss von YdeO auf die Expressionsaktivität von *gadE::lacZ* (Abbildung 4.18). Lediglich in der stationären Phase war ein dualer Einfluss von YdeO zu beobachten. YdeO wirkt hier entweder aktivierend (bei niedrigem pH) oder reprimierend (bei neutralem pH) auf *gadE* und *gadB*, nicht auf *gadX*. Die Diskrepanzen zu den veröffentlichten Daten von (Ma *et al.*, 2004), bei welchen auf *gadE*-Transkript Ebene eine deutlich aktivierende Wirkung von EvgA und YdeO zu sehen ist bei exponentiellem Wachstum/pH 5,5, könnte unter Umständen auf die Verwendung unterschiedlicher Minimalmedien (E + 0,4% Glucose) und/oder anderem Wildtypstamm von *Escherichia coli* (EK227) zurückzuführen sein. Genauere Untersuchungen der YdeO-Synthese und seinem regulatorischem Einfluss wären interessant, vor allem in Anbetracht der gefundenen Instabilität von YdeO und dessen dualer Regulationsweise, sowie der Suppression des ClpP-Einflusses auf das Netzwerk durch YdeO, auf welche noch in Abschnitt 5.4 eingegangen wird.

GadW (Ma *et al.*, 2002), ein weiterer AraC-ähnlicher Regulator, nahe verwandt mit GadX und fähig, mit diesem Heterodimere zu bilden, wird beschrieben als schwacher Repressor der *gadA/BC* Gene (Ma *et al.*, 2002). In ß-Galaktosidase-Studien im Rahmen dieser Arbeit mit *gadA/BC/E::lacZ* Fusionsstämmen in *gadW*$^{+/-}$, zeigte sich, dass GadW vor allem auf die *gadA*-Expression reprimierend wirkt, während es auf die andere Reportergenfusionen nur sehr geringe oder keine Wirkung hat (Abbildung 4.17A; Daten nicht vollständig gezeigt). Publiziert ist, dass GadW auf die *gadE*-Transkription mit GadX zusammen additiven aktivatorischen Effekt hat, während GadW allein keine signifikante Wirkung zeigt (Sayed *et al.*, 2007). Die positive Kontrolle von σ^S durch GadW (Ma et al., 2003b) konnte in dieser Arbeit nicht bestätigt werden (Abbildung 4.34) und eine solche übergeordnete Rolle erscheint auch unwahrscheinlich in Anbetracht des geringen Einflusses von GadW, der nicht nur hier, sondern auch von anderen Arbeitsgruppen beobachtet wurde (Sayed *et al.*, 2007).

Diskussion

Die σ^S-abhängige kleine RNA GadY ist als Stabilisator am 3'Ende der *gadX* mRNA bindend und damit Aktivator der GadX-Synthese beschrieben (Opdyke et al., 2004). Diese Aktivierung ist nicht essentiell für die σ^S-abhängige Induktion, denn die *gadX::lacZ* Fusion, welche dieses 3'Ende nicht hat, zeigt σ^S-Abhängigkeit.

Die Daten dieser Arbeit zeigen, dass die Einteilung in bestimmte separate regulatorische Loops, die nur bei spezifischen Bedingungen aktivieren, nicht beibehalten werden kann. Vielmehr ergänzen sich die Systeme in den unterschiedlichen Bedingungen. Auch die Einteilung in Säureresistenz System 1 (AR1= σ^S-abhängig, CRP-, Glucose-reprimiert) und 2 (AR2=Glutamatdecarboxylase-abhängig) kann so nicht aufrecht erhalten werden, denn AR1 ist lediglich eine regulatorische Variante von AR2 und kein funktionell unabhängiges Säureresistenz-System.

Tabelle 5.1: Promotorsequenzen der beschriebenen Transkriptionsstartpunkte von *gadA*, *gadB*, *gadX*, *slp* und *gadE* (Weber et al., 2005, Tramonti et al., 2002, Hommais et al., 2004, Castanie-Cornet & Foster, 2001, Alexander & St John, 1994). Der Grossbuchstabe bezeichnet jeweils den Transkriptionsstartpunkt, die potentiellen -10 und -35 Regionen sind umrahmt, fett geschrieben sind die Konsensussequenzen für σ^S und die GAD-Boxen sind unterstrichen.

Es konnte hier die Architektur der σ^S-abhängigen Signalkaskade auf die Säureresistenzgene entschlüsselt werden, die zwei Feedforward Loops und einen untergeschalteten linearen Aktivierungspfad beinhalten (siehe auch zusammengefasste Abbildung 5.1).

5.3.2 Schnelle und vorübergehende Induktion wird durch die translationale Kontrolle der *gadE* mRNA ermöglicht

Im Rahmen dieser Arbeit wurde zum ersten Mal systematisch die Kinetik der Säureresistenzkaskade in der Shiftsituation von neutralem zu saurem pH untersucht. Es konnten dabei schnelle und langsame Reaktionen unterschieden werden. Die dabei auffälligste Entdeckung war die Diskrepanz zwischen schnellem Anstieg des GadE-Proteinspiegels und der langsamen Induktion der *gadE::lacZ* Fusion,

Diskussion

113

welche die transkriptionale Kontrolle wiederspiegelt. Bei Erreichen des maximalen zellulären Gehaltes von GadE nach etwa 40 min, befindet sich die Promotor-Aktivität erst am Beginn des Anstieges. Da dieser Unterschied nicht mit Stabilisierung von GadE erklärt werden kann, da nach 20 min, also bei maximalem Gehaltsanstieg, GadE nachgewiesenermaßen unvermittelt schnell abgebaut wird (Abbildung 4.10A), kann es sich hier nur um eine Kontrolle auf translationaler Ebene handeln, also eine Kontrolle entweder der mRNA-Stabilität oder der Translationsaktivität. Wenn die transkriptionale Kontrolle ausgeschaltet wird, durch Expression der vollen Länge der *gadE* mRNA von einem heterologen, permanent basal exprimierenden Promotor, steigt der GadE-Gehalt immernoch rapide an nach pH-Absenkung, erreicht nach 30 Minuten ein Maximum und nimmt danach ebenfalls schnell wieder ab. Es handelt sich also hier um eine schnelle und vorübergehende Induktion der GadE-Synthese, welche wahrscheinlich auf translationaler oder mRNA-Stabilitäts-Ebene stattfindet. Der schnelle Abfall des GadE-Gehaltes ab 30 Minuten bis beinahe zum basalen Level nach 60 Minuten Säureshift ist auf die fehlende Transkriptionsinduktion zurückzuführen, die ab diesem Zeitpunkt beim nativen *gadE* Promotor die Aktivierung übernimmt, sowie der konstitutiven Proteolyse von GadE durch Lon.

Wir orientierten uns bei der Konstruktion des Plasmides zur ektopischen Expression der *gadE* mRNA nach dem von Harald Weber gefundenen Transkript (von einem Promotor bei -124 Nukleotiden relativ zum Translationsstartpunkt), um die volle Wildtyp-mRNA zu erhalten (welche stromaufwärts, konstruktionsbedingt auch noch eine kurze Vektorsequenz enthält) (Abbildung 3.1). In einer Primer-Extension-Studie mit diesem Plasmid, welche zur Kontrolle gemacht wurde, ist zu sehen, dass sich ein kürzeres als erwartetes Transkript bei -92 relativ zum Translationsstart zeigt, also von einem anderen bereits vorher beschriebenen Transkriptionsstartpunkt (Hommais et al., 2004), während von dem tac Promotor nur nach Säureshift ein Transkript zu sehen ist (nicht gezeigte Daten von Alexandra Poßling). Dieses kürzere Transkript (von -92) war in der Primer-Extension-Analyse von Harald Weber mit dem Wildtyp-Promotor 40 min nach Säureshift nicht zu detektieren, während das lange Transkript (von -124) deutlich erkennbar war (Weber et al., 2005). Es ist also anzunehmen, dass der -92 Promotor in der normalen Wildtyp Regulation in dieser Situation keine Rolle spielt und entweder nur in diesem Konstrukt durch das Deletieren des stärkeren Promotors aktiv wird oder es handelt sich bei dem Transkript u.U. um ein Prozessierungsprodukt des vom tac Promotor synthetisierten Transkriptes. Das kurze Transkript zeigt auch eine etwa 2fache Induktion 30 min nach Säureshift. Jedoch kann davon ausgegangen werden, dass diese Induktion nicht transkriptional kontrolliert ist, denn der Operator stromaufwärts ist deletiert und die GadE-Synthese von diesem Konstrukt ist, wie gezeigt wurde, GadX- und RpoS-unabhängig (Abbildung 4.24). Darüberhinaus müsste man, wäre der schnelle Anstieg nach Säureshift auf transkriptionale Kontrolle des proximalen Promotors zurückzuführen, diesen mit der *gadE::lacZ* Fusion (auf welcher alle beschriebenen Promotoren und Bindestellen vorhanden sind) detektieren können in Form von schnellem ß-Galaktosidase-Aktivitätsanstieg. Es ist daher anzunehmen, dass der Anstieg des Transkriptspiegels (des kürzeren Transkriptes bei -92 und des

Diskussion

längeren vom tac Promotor) eher von Stabilisierung der mRNA herrührt, welche häufig in engem Zusammenhang mit translationaler Aktivierung steht bzw. wird Destabilisierung der mRNA häufig durch Bindung kleiner RNAs, welche auch die Translationsaktivität beeinflussen, vermittelt.

Die sRNA DsrA wurde bereits als Regulator der Säureresistenzgene beschrieben, wobei nicht gezeigt wurde, ob ihr Einfluss lediglich über σ^S, dessen Translation von DsrA aktiviert wird, oder auch direkt verläuft (Lease *et al.*, 2004, Lease *et al.*, 1998). In dieser Arbeit konnte gezeigt werden, dass sie wahrscheinlich eine direkte Rolle bei der schnellen Translationsinduktion von *gadE* spielt. DsrA wirkt dabei im neutralen Medium reprimierend, während bei Säureshift eine Derepression stattfindet. DsrA wirkt bei neutralem wie bei saurem pH auf die *rpoS*-Translation aktivierend (Abbildung 4.25). Beide Effekte von DsrA zusammen: Aktivierung der Transkription von *gadE* durch positive Kontrolle von σ^S und Repression der Translation von *gadE* im Neutralen sowie Derepression bei Säureshift, verstärken die Dynamik des GadE-Gehaltes und ermöglichen das rapide Hochschnellen des GadE-Gehaltes nach Säureshift. Diese Rolle von DsrA auf die GadE-Synthese kann man als Nivellierung der GadE-Dynamik in der *dsrA* Mutante im Wildtyp mit nativ vom Chromsom exprimierten *gadE* beobachten (Abbildung 4.25). DsrA wirkt wahrscheinlich direkt durch Bindung an die mRNA von *gadE* und nicht durch Kontrolle von σ^S, denn im *rpoS* und im *gadX* Hintergrund findet immer noch der gleiche GadE-Anstieg vom Plasmidkonstrukt statt wie im wt Hintergrund (Abbildung 4.24). GadY wurde ebenfalls getestet, zeigte jedoch ebenfalls keinen Einfluss auf den schnellen Anstieg des GadE-Gehaltes im Wildtyp (Daten nicht gezeigt). Es ist allerdings auch im *dsrA*⁻ Hintergrund immer noch ein leichter Anstieg von GadE zu sehen (Abbildung 4.23), was auf weitere, DsrA-unabhängige Kontrolle der Translation hinweist.

Welche Sequenzabschnitte der *gadE* mRNA sind wichtig für die translationale Kontrolle? Die translationale *gadE::lacZ* Fusion, welche das 5` Ende der mRNA bis zu den ersten 45 Nukleotiden des ORF von *gadE* beinhaltet, zeigt die hochdynamische translationale Kontrolle nicht. Die für die Translationsinduktion wichtige Sequenz muss also weiter stromabwärts des Fusionspunktes liegen. Für das 5` Ende der *gadE* mRNA ist eine stabile Sekundärstruktur vorausgesagt, bei welcher die Shine-Dalgarno-Sequenz und das Startkodon in Basenpaarung gebunden vorliegt. Möglicherweise wird diese Struktur bei Säureshift mithilfe stromabwärts gelegener Sequenzen aufgeschmolzen, um so die Ribosomenbindestelle und den Translationsstart zugänglich zu machen. Der Mechanismus der DsrA-abhängigen Repression ist unklar. Es könnte sich statt um eine Inhibierung der Translation auch um DsrA-vermittelten Abbau der mRNA handeln, welcher häufig, wie z.B. für RyhB bei *sodB* gezeigt, mit der Inhibierung der Translation einhergeht (Vecerek *et al.*, 2003, Geissmann & Touati, 2004). Eine Bindung und den Bindeort von DsrA an die mRNA von *gadE* sollte man experimentell testen, denn es ist zwar möglich, kurze komplementäre Abschnitte beider RNAs zu entdecken, allerdings hat ein solcher Sequenzvergleich ohne experimentelle Bestätigung wenig Aussagekraft.

Diskussion

115

DsrA wird induziert bei Kälteschock (Sledjeski et al., 1996) und liegt dann vor allem in seiner unprozessierten 85 nt langen Form vor und aktiviert hier vor allem *rpoS* (Repoila & Gottesman, 2001). Jedoch ist das nicht die einzige Situation, in welcher DsrA exprimiert wird und aktiv ist, denn es hat andere Ziel-mRNAs, die es in anderen Situationen reguliert (Lease et al., 1998, Sledjeski & Gottesman, 1995). Auch wir konnten eine Kontrolle von *rpoS* durch DsrA in neutralem und saurem Medium beobachten (Abbildung 4.25). Bei Säureshift konnte lediglich ein schwacher Anstieg der *dsrA*-Expression gemessen werden, etwa 2 fach mit einer *dsrA::lacZ* Fusion (Daten nicht gezeigt). Die transkriptionale Kontrolle spielt demnach wahrscheinlich hier keine Rolle. Es ist vielmehr vorstellbar, dass der pH direkt auf die Bindeeigenschaften, möglicherweise durch Sekundärstrukturveränderungen, von basal vorhandenem DsrA an bestimmte Sequenzabschnitte der *gadE* mRNA wirkt.

Unklar ist auch, welche Effektoren auf diese schnelle Antwort reagieren, denn die Transkriptionsinduktion, gemessen in LacZ-Studien, von *gadA* und *gadBC* verläuft langsam. Möglicherweise sind es Gene der dritten Gruppe, identifiziert durch Microarrays von Harald Weber, die gleichermassen GadX- und GadE-reguliert sind, die eine schnelle Kinetik aufweisen. Hierzu gehört das Operon der für die Hydrogenase I kodierenden Gene (*hyaABD*). Dieses Operon wurde unter anaeroben Bedingungen als säureinduziert identifiziert und die Rolle der periplasmatischen Hydrogenase I in der Säureresistenz wurde in dieser Studie diskutiert. Es wurden auch Shiftexperimente durchgeführt, die allerdings eine langsame Induktion zeigten (King & Przybyla, 1999). Ob dieses Operon auch im Aeroben säureinduziert ist (offensichtlich ist die Hydrogenase I weniger O_2-anfällig wie die Hydrogenase II) und hier vielleicht mit einer schnelleren Kinetik, müsste untersucht werden. Interessanterweise wird ein anderes Gen dieser Gruppe, *yjjU*, das für ein Patatin-ähnliches Protein kodiert, überhaupt nicht durch Säure induziert, während es allerdings eindeutig GadE- und GadX-abhängig ist (Paasch, 2007). Dieses dritte Regulon ist also in Bezug auf das induzierende Stress-Signal heterogen und GadX und/oder GadE spielen auch unabhängig von der Säureinduktion eine Rolle. Um die schnell hochregulierten Effektoren zu identifizieren, sollte das Transkriptom mittels Microarray-Analyse kurz (20-30 min) nach Säureshift in $gadE^{+/-}$ analysiert werden.

5.3.3 Der konstitutive Abbau von GadE ermöglicht die schnelle Abschalt-Dynamik des Systemes

In dieser Arbeit konnte gezeigt werden, dass GadE ein konstitutives Abbausubstrat der Lon Protease ist. Unter allen getesteten Umständen, selbst induzierenden, wird GadE schnell, mit einer Halbwertzeit von 3 bis 6 Minuten, entfernt. Der Sinn dieser intrinsischen Instabilität des zentralen Aktivators der Säurestressantwort ist das schnelle Abschalten der Antwort bei Ausbleiben des stressenden Signales.

Wie bereits vorher erwähnt, ist die Produktion der Glutamat-Decarboxylasen für die Zelle eine grössere Investition, ganz abgesehen von den weiteren Resistenzmechanismen, die zusätzlich von GadE aktiviert werden, wie z.B. die Hde Chaperone. Rechnet man die Investition, die eine Zelle aufbringen muss, wenn sie einen derart instabilen Regulator kontinuierlich synthetisieren muss, besonders unter induzierenden Bedingungen, um ihn in ausreichenden Mengen zur Induktion der Gene vorliegen zu haben, gegen die Investition, die sie durch verlangsamtes Abschalten der Synthese der GadA/GadB Enzyme und Hde Chaperone tätigen müsste, liegt durch die Instabilität wahrscheinlich eine positive Bilanz vor, denn ein Regulator muss nur in verhältnismässig geringen Mengen vorhanden sein, um seine Wirkung zu erzielen, während Effektoren wie die Glutamat-Decarboxylasen und die Hde Chaperone hoch exprimierte Proteine sind nach Induktion. Einen ganz ähnlichen Mechanismus verfolgen die Zellen bei den Regulatoren MarA und SoxS der oxidativen Stressantwort, welche ebenfalls kontinuierlich durch die Lon Protease abgebaut werden (Griffith et al., 2004).

Für SoxS war es möglich, N-terminale Aminosäurereste zu identifizieren, welche den Abbau durch Lon vermitteln (Shah & Wolf, 2006b). GadE scheint keine N-terminalen Erkennungssequenzen zu besitzen, denn das GadE-LacZ Fusionsprotein, in welchem die ersten 15 Aminosäuren von GadE an LacZ fusioniert sind, erwies sich als stabil (Abbildung 4.14). Die Abbaumarkierung befindet sich also im zentralen oder im C-terminalen Bereich, es wurden allerdings keine homologen Sequenzen zu bekannten Lon-Abbaumarkierungen gefunden (Gonzalez et al., 1998, Nishii et al., 2002, Shah & Wolf, 2006b). Möglicherweise besitzt GadE, wie auch andere konstitutiv abgebaute Regulatoren, intrinsische hydrophobe Oberflächenstruktur, die es permanent für den Lon-vermittelten Abbau markieren. Die Proteolyse von SoxS konnte *in vitro* rekonstruiert werden und der Abbau war sehr effektiv bei Zugabe von ATP und Lon (Shah & Wolf, 2006b). Das heisst, SoxS benötigt keine weiteren Adaptoren zur Erkennung durch Lon. Ebenso ist es für GadE wahrscheinlich, vor allem da der Abbau nicht reguliert ist, dass keine weiteren Adaptoren notwendig sind.

Neben der Rolle der Lon Protease im Säureresistenz-Regulon, das schnelle Abschalten zu gewährleisten, spielt sie desweiteren eine Rolle bei der Repression der Synthese, die weiterhin nicht völlig geklärt ist. Das *gadE* Gen wird im erhöhten Maße transkribiert im *lon*⁻ Hintergrund, was man als Erhöhung der Aktivität der *gadE::lacZ* Fusion messen kann, gleichzeitig ist das GadE-LacZ Fusionsprotein stabil, das heisst, diese Erhöhung kann nicht durch Stabilisierung hervorgerufen sein. Sie ist nur zum Teil durch die positive Autoregulation erklärbar, da die *lon* Mutante im *gadE*⁻ Hintergrund im Vergleich zum wt zwar immer noch eine verstärkte *gadE::lacZ* Aktivität zeigt, allerdings nur noch 2 fach (Abbildung 4.15A). Unter Umständen wird ein weiterer Repressor von *gadE* von der Lon Protease abgebaut. Der Regulator GadW wirkt auf *gadE* leicht reprimierend. In Überexpressionsstudien von GadW (*gadW* auf pRH800 induziert mit 1mM IPTG in LB/logarithmische Phase) zeigt sich dieser Regulator als ein Lon-abhängig instabiler Regulator (Abbildung 4.15B). Jedoch ist der Lon-Einfluss auf die *gadE*-Transkription auch in einer *gadW*

Diskussion

Mutante noch vorhanden (Abbildung 4.15C), daher ist wohl auch GadW nicht verantwortlich für den Lon-Effekt auf die GadE-Synthese. Möglicherweise lässt sich der reprimierende Effekt von Lon durch den bereits erwähnten sekundären Effekt durch den fehlenden Abbau von StpA und dessen mögliche Auswirkung auf den Gehalt an freiem H-NS in der Zelle (Johansson & Uhlin, 1999, Johansson et al., 2001) erklären, denn H-NS ist beschrieben als ein starker Repressor der gad/hde Gene (De Biase et al., 1999, Giangrossi et al., 2005). Eine geringe Schwankung der zellulären Menge an freiem H-NS könnte grosse Auswirkungen auf dieses Regulon haben.

5.3.4 Modell

Es war möglich im Rahmen dieser Arbeit, die Struktur der Kaskade des Säureresistenz-Regulons aufzuklären in Bezug auf die zwei prominenten, die σ^S-Abhängigkeit vermittelnden Regulatoren - GadX und GadE - und zwei Effektorgengruppen. Dabei wurden zusätzlich verschiedene Dynamiken entschlüsselt, die auf den regulatorischen Ebenen der Transkription, Translation und Proteolyse stattfinden. Das in dieser Arbeit entwickelte Modell, welches die wichtigsten Ergebnisse zusammenfassend darstellt, befindet sich in Abbildung 5.1.

Die transkriptionale Regulationskaskade wird bestimmt durch zwei Feedforward Loops mit dem Master-Regulator σ^S und dem modulatorisch wirksamen sekundären Aktivator GadX. Die Rolle dieser Architektur ist eine verzögerte transkriptionale Induktion der Effektoren der beiden Gengruppen repräsentiert von gadB und slp und fungiert wahrscheinlich als Rauschfilter. Eine transkriptionale Aktivierung des Outputs findet nur bei Induktion des generellen Stress Signales vermittelt durch σ^S und einem spezifischen Signal, das von GadX wahrgenommen wird, eventuell Na$^+$-Ionen, statt. Zur Aktivierung der durch gadB dargestellten Gengruppe ist noch ein lineares Kontrollsystem zwischengeschaltet, welches über den zentralen und essentiellen Aktivator GadE läuft. Hier wird die Transkriptionsinduktion weiter gefiltert nicht nur durch die zusätzliche Instanz, sondern auch durch die positive Autoregulation von GadE. Diese lineare Kaskade über GadE, dessen Synthese gleichermassen durch GadX und σ^S induziert wird, ermöglicht durch die Instabilität von GadE das schnelle Abschalten des Outputs. Es ist eine Notwendigkeit von kohärenten Feedforward Loops, verstärkt durch positive Autoregulation, einen Mechanismus zu beinhalten, der das System wieder herunterfährt. Darüberhinaus kann die Dynamik des Master-Regulators σ^S, welcher ebenfalls proteolytisch, allerdings konditional, durch ClpXP abgebaut wird, nur übersetzt werden in eine Dynamik der Säurestressantwort, wenn der Regulator in der sekundären Schlüsselposition ebenfalls eine Dynamik seiner zellulären Konzentration aufweist.

Desweiteren beinhaltet dieses System eine schnelle Anschaltkinetik, zu beobachten in der

Shiftsituation, die wahrscheinlich über die Translationsaktivität kontrolliert wird und bei der die kleinen RNA DsrA eine Rolle spielt. Der GadE-Gehalt wird schnell hoch reguliert, unabhängig von einer kompletten Neusynthese, also energiesparend und vorübergehend.

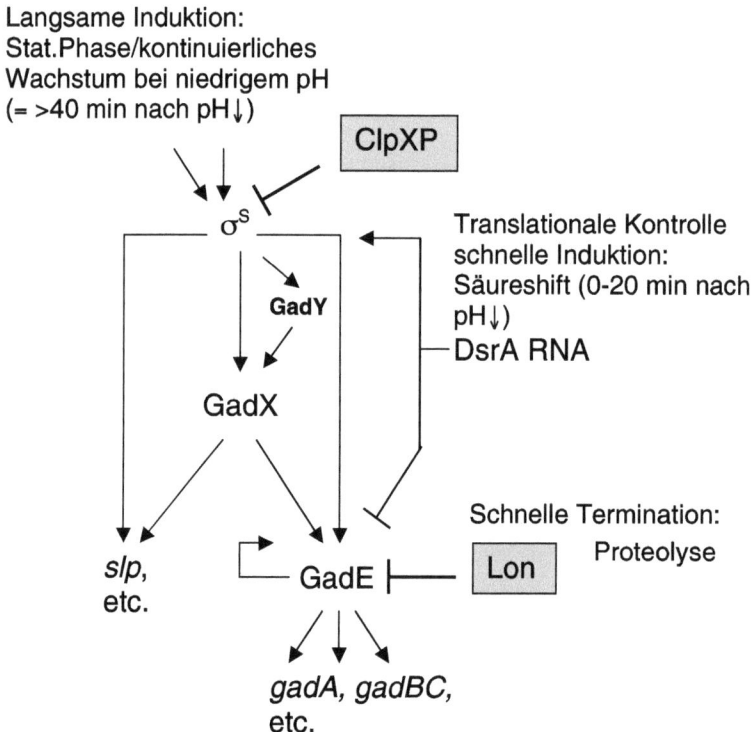

Abbildung 5.1: Modell des Netzwerkes der Glutamat-abhängigen Säureresistenzkaskade.

Es sind also in diesem System auf eleganteste Weise langsame, aber andauernde Aktivierung durch Transkriptionskontrolle mithilfe der Architektur der Feedforward Loops und der darunter gelegenen linearen Kaskade, schnelle und vorübergehende Induktion durch Translationskontrolle und schnelles Abschalten durch Proteolyse jeweils in der Schlüsselposition des Netzwerkes miteinander kombiniert.

5.4. Ausblick: Weitere proteolytische Kontrolle innerhalb der Säureresistenzantwort

Ein weiterer beschriebener Regulationsloop der *gad/hde* Gene, ebenfalls Feedforward, ist der EvgA/YdeO-abhängige Loop, welcher einen weiteren Signal-Input für die *gadE*-Expression bildet (Masuda & Church, 2002, Masuda & Church, 2003, Ma et al., 2004). Interessant wurde er durch die Suppression des positiven ClpP-Effektes auf die *gadE*-Transkription durch YdeO. Die ß-Galaktosidase-Studien ergaben, dass ClpP einen Einfluss auf die Regulationskaskade oberhalb der *gadE*-Transkription in der Kaskade hat, aber nicht auf die *gadX*-Transkription. Interessanterweise ist der Einfluss von ClpP stärker ausgeprägt auf die kurze *gadE::lacZ* Fusion, bei welcher Binderegionen von GadX, GadW und/oder YdeO fehlen. Diese Binderegionen verstärken die *gadE*-Expression insgesamt und schwächen die positive GadE Autoregulation, vermutlich weil durch die Aktivierung durch GadX und/oder GadW die fehlende Aktivierung durch GadE selbst teilweise kompensiert wird. Nun zeigt sich, dass GadX-, GadW- und/oder auch YdeO-Bindung an die oberen Regionen offensichtlich auch den Einfluss von ClpP abschwächt. Möglicherweise konkurrieren einer oder mehrere dieser Regulatoren an diesem Promotor mit dem noch unbekannten, von ClpP kontrollierten Repressor. Genau das könnte auch für die unterschiedlichen Effekte der *clpP* Mutation an den verschiedenen Promotoren verantwortlich sein. Je nachdem wie stark der direkte Einfluss anderer Regulatoren bzw. dem gesuchten Repressor X auf die Promotoren ist, verhält sich die Expressionsstärke unterschiedlich in den verschiedenen Hintergründen. Zum Beispiel ist der Promotor von *gadA* im Vergleich zu dem vom *gadB* sehr viel stärker reguliert mit einer sehr grossen Operatorregion, an welche viele Regulatoren auch mehrfach binden. Es ist immernoch unklar, warum der *gadA* Promotor so unterschiedlich ist zu dem *gadB* Promotor, da beide unter denselben Bedingungen induziert werden. Unter Umständen ist die *gadA*-Transkription robuster gegenüber geringen Veränderungen, die sich in unterschiedlichen Konzentrationen der bindenden Regulatoren äussern, was dann z.B. am abgeschwächten ClpP-Einfluss zu beobachten ist.

Welches sind die Kandidaten für Repressor X, der durch ClpP abgebaut wird? GadX supprimiert den ClpP-Effekt ist allerdings ein Aktivator der *gad/hde* Gene ((Tramonti et al., 2002) und unsere Daten). Es ist möglich, dass GadX ein Aktivator des gesuchten Repressors ist. Dies würde einen weiteren σ^S-, GadX-abhängigen Regulationspfad bedeuten - einen inkohärenten Feedforward Loop. Diese Kontrolle hätte Bedeutung in Situationen, in welchen die $\sigma^S \rightarrow$ GadX Regulationskaskade angeschaltet ist, aber kein Output erfolgt. Eine solche Situation ist M9/Glucose/Eintritt in die stationäre Phase. Hier beobachten wir ein um etwa 3 h nach Stationärphaseneintritt verspätetes Anschalten der *gadE/A/BC* Gene (Becker G., unveröffentlichte Microarray-Daten und diese Arbeit). Der σ^S-Spiegel hingegen steigt sofort an. Der hypothetische Repressor, ein ClpP-Substrat, wird u.U. genau in dieser Situation aufgrund eines unbekannten Signales stabilisiert und reprimiert die untergeschalteten Gene.

Diskussion

YdeO zeigt gerade in der stationären Phase M9/Glucose eine Wirkung auf *gadA/BC* und *gadE*, während es in allen anderen Situationen in unseren Studien obsolet war (Abbildung 4.18).

YdeO supprimiert den ClpP-Effekt, zumindest teilweise, hat eine C-terminale ssrA-ähnliche Markierung, die an GFP fusioniert dieses zum ClpP-abhängigen Abbau markiert und bei Mutation der letzten beiden Alanine wird YdeO komplett stabilisiert. YdeO wird schnell abgebaut in M9/Glucose / logarithmische Phase. Sollte YdeO der gesuchte Repressor X sein, der von ClpP abgebaut wird, würde YdeO eventuell speziell in M9/Glucose/Eintritt in die stationäre Phase stabilisiert und entfaltet deswegen gerade in dieser Situation seine Wirkung. Zu überprüfen wäre daher: Wird YdeO durch ClpP abgebaut? Möglicherweise ist der Abbau nach Überexpression in *clpP*⁻ Hintergrund ein Effekt, der durch den unnatürlich hohen Spiegel an YdeO hervorgerufen wird. Wahrscheinlicher ist jedoch, dass mehrere Proteasen am Abbau beteiligt sind, die sich gegenseitig kompensieren. Die beiden C-terminalen Alanine werden als speziell von ClpXP erkannte Sequenz beschrieben (Flynn *et al.*, 2001, Levchenko *et al.*, 2003), daher ist die komplette Stabilisierung bei Mutation nur dieser beiden Aminosäurereste frappierend. Natürlich könnten auch andere Proteasen, die ssrA-ähnliche Markierungen erkennen, wie z.B. FtsH (Herman *et al.*, 1998), zuständig sein für den Abbau. Es sollte durch *in-vitro*-Proteolyse die ClpXP-abhängige Proteolyse getestet werden, sowie eine mögliche Stabilisierung von YdeO in der stationären Phase untersucht werden. Desweiteren sollte untersucht werden, ob die Suppression des ClpP-Effektes in der *clpP rssB ydeO* Dreifachmutante durch Einführung von YdeO^{DD} auf Plasmid aufgehoben wird. Desweiteren sollte die Synthese von YdeO auf GadX- und σ^S-Abhängigkeit hin untersucht werden, denn möglicherweise supprimiert die *gadX* Deletion den ClpP-Effekt, weil GadX YdeO positiv reguliert. Eine solche Regulation ist bislang nicht bekannt und es befindet sich auch keine GAD-Box im Promotorbereich von *ydeO*. Es ist bekannt, dass *ydeO* eventuell von Eσ^{70} und Eσ^{32} transkribiert wird (Wade *et al.*, 2006) und von phosphoryliertem EvgA aktiviert wird (Masuda & Church, 2003). EvgS, die Histidinkinase, welche EvgA phophoryliert, steht in Verbindung mit dem Quinon-Pool in der Cytoplasmamembran und wird von oxidiertem Ubiquinon inhibiert (Bock & Gross, 2002). Dieses Zweikomponenten-System zeigt also eine ähnliche Kontrolle durch den Oxidationsstatus der Atmungkette, damit dem Energie- und Sauerstoffstatus der Zelle, wie das ArcB/A-System, welches den σ^S-Abbau durch Phosphorylierung von RssB kontrolliert. Der Abbau von σ^S wird speziell unter den Bedingungen niedriger Energiegehalt/hoher O$_2$-Partialdruck (Bedingungen der stationären Phase aerober M9/Glucose-Kulturen) inhibiert (Mika & Hengge, 2005). Wird also durch das EvgS/A-Zweikomponenten-System in dieser speziellen Situation die Inhibition der *gad/hde* Gene durch proteolytische Kontrolle von YdeO reguliert? Diese Hypothese kann Ausgangspunkt für weitere Untersuchung der Regulation des Säureresistenzsystemes sein. Auch die mögliche duale Funktion von YdeO wäre interessant, genauer zu belegen und die Mechanismen zu entschlüsseln.

6. Literatur

Abo, T., T. Inada, K. Ogawa & H. Aiba, (2000) SsrA-mediated tagging and proteolysis of LacI and its role in the regulation of lac operon. *Embo J* **19**: 3762-3769.
Accardi, A. & C. Miller, (2004) Secondary active transport mediated by a prokaryotic homologue of ClC Cl- channels. *Nature* **427**: 803-807.
Afonyushkin, T., B. Vecerek, I. Moll, U. Blasi & V. R. Kaberdin, (2005) Both RNase E and RNase III control the stability of sodB mRNA upon translational inhibition by the small regulatory RNA RyhB. *Nucleic Acids Res* **33**: 1678-1689.
Alba, B. M., J. A. Leeds, C. Onufryk, C. Z. Lu & C. A. Gross, (2002) DegS and YaeL participate sequentially in the cleavage of RseA to activate the sigma(E)-dependent extracytoplasmic stress response. *Genes Dev* **16**: 2156-2168.
Alexander, D. M. & A. C. St John, (1994) Characterization of the carbon starvation-inducible and stationary phase-inducible gene slp encoding an outer membrane lipoprotein in Escherichia coli. *Mol Microbiol* **11**: 1059-1071.
Alon, U., (2007) Network motifs: theory and experimental approaches. *Nat Rev Genet* **8**: 450-461.
Amerik, A., G. V. Petukhova, V. G. Grigorenko, I. P. Lykov, S. V. Yarovoi, V. M. Lipkin & A. E. Gorbalenya, (1994) Cloning and sequence analysis of cDNA for a human homolog of eubacterial ATP-dependent Lon proteases. *FEBS Lett* **340**: 25-28.
Antal, M., V. Bordeau, V. Douchin & B. Felden, (2005) A small bacterial RNA regulates a putative ABC transporter. *J Biol Chem* **280**: 7901-7908.
Argaman, L., R. Hershberg, J. Vogel, G. Bejerano, E. G. Wagner, H. Margalit & S. Altuvia, (2001) Novel small RNA-encoding genes in the intergenic regions of Escherichia coli. *Curr Biol* **11**: 941-950.
Arnosti, D. N. & M. J. Chamberlin, (1989) Secondary sigma factor controls transcription of flagellar and chemotaxis genes in Escherichia coli. *Proc Natl Acad Sci U S A* **86**: 830-834.
Azam, T. A. & A. Ishihama, (1999) Twelve species of the nucleoid-associated protein from Escherichia coli. Sequence recognition specificity and DNA binding affinity. *J Biol Chem* **274**: 33105-33113.
Baker, T. A. & R. T. Sauer, (2006) ATP-dependent proteases of bacteria: recognition logic and operating principles. *Trends in biochemical sciences* **31**: 647-653.
Barembruch, C. & R. Hengge, (2007) Cellular levels and activity of the flagellar sigma factor FliA of Escherichia coli are controlled by FlgM-modulated proteolysis. *Mol Microbiol* **65**: 76-89.
Bearson, S., B. Bearson & J. W. Foster, (1997) Acid stress responses in enterobacteria. *FEMS microbiology letters* **147**: 173-180.
Becker, G. & R. Hengge-Aronis, (2001) What makes an Escherichia coli promoter sigma(S) dependent? Role of the -13/-14 nucleotide promoter positions and region 2.5 of sigma(S). *Mol Microbiol* **39**: 1153-1165.
Becker, G., E. Klauck & R. Hengge-Aronis, (1999) Regulation of RpoS proteolysis in Escherichia coli: the response regulator RssB is a recognition factor that interacts with the turnover element in RpoS. *Proc Natl Acad Sci U S A* **96**: 6439-6444.
Becskei, A., B. Seraphin & L. Serrano, (2001) Positive feedback in eukaryotic gene networks: cell differentiation by graded to binary response conversion. *Embo J* **20**: 2528-2535.
Bekker, M., M. J. Teixeira de Mattos & K. J. Hellingwerf, (2006) The role of two-component regulation systems in the physiology of the bacterial cell. *Science progress* **89**: 213-242.
Beuron, F., M. R. Maurizi, D. M. Belnap, E. Kocsis, F. P. Booy, M. Kessel & A. C. Steven, (1998) At sixes and sevens: characterization of the symmetry mismatch of the ClpAP chaperone-assisted protease. *Journal of structural biology* **123**: 248-259.
Bernstein, J. A., A. B. Khodursky, P. H. Lin, S. Lin-Chao & S. N. Cohen, (2002) Global analysis of mRNA decay and abundance in Escherichia coli at single-gene resolution using two-color fluorescent DNA microarrays. *Proc Natl Acad Sci U S A* **99**: 9697-9702.
Bock, A. & R. Gross, (2002) The unorthodox histidine kinases BvgS and EvgS are responsive to the oxidation status of a quinone electron carrier. *Eur J Biochem* **269**: 3479-3484.

Bordes, P., A. Conter, V. Morales, J. Bouvier, A. Kolb & C. Gutierrez, (2003) DNA supercoiling contributes to disconnect sigmaS accumulation from sigmaS-dependent transcription in Escherichia coli. *Mol Microbiol* **48**: 561-571.

Bouche, S., E. Klauck, D. Fischer, M. Lucassen, K. Jung & R. Hengge-Aronis, (1998) Regulation of RssB-dependent proteolysis in Escherichia coli: a role for acetyl phosphate in a response regulator-controlled process. *Mol Microbiol* **27**: 787-795.

Brown, L. & T. Elliott, (1997) Mutations that increase expression of the rpoS gene and decrease its dependence on hfq function in Salmonella typhimurium. *J Bacteriol* **179**: 656-662.

Brown, N. L., J. V. Stoyanov, S. P. Kidd & J. L. Hobman, (2003) The MerR family of transcriptional regulators. *FEMS microbiology reviews* **27**: 145-163.

Bukau, B., (1993) Regulation of the Escherichia coli heat-shock response. *Mol Microbiol* **9**: 671-680.

Busby, S., D. West, M. Lawes, C. Webster, A. Ishihama & A. Kolb, (1994) Transcription activation by the Escherichia coli cyclic AMP receptor protein. Receptors bound in tandem at promoters can interact synergistically. *J Mol Biol* **241**: 341-352.

Camas, F. M., J. Blazquez & J. F. Poyatos, (2006) Autogenous and nonautogenous control of response in a genetic network. *Proc Natl Acad Sci U S A* **103**: 12718-12723.

Capitani, G., D. De Biase, C. Aurizi, H. Gut, F. Bossa & M. G. Grutter, (2003) Crystal structure and functional analysis of Escherichia coli glutamate decarboxylase. *Embo J* **22**: 4027-4037.

Castanie-Cornet, M. P. & J. W. Foster, (2001) Escherichia coli acid resistance: cAMP receptor protein and a 20 bp cis-acting sequence control pH and stationary phase expression of the gadA and gadBC glutamate decarboxylase genes. *Microbiology (Reading, England)* **147**: 709-715.

Castanie-Cornet, M. P., H. Treffandier, A. Francez-Charlot, C. Gutierrez & K. Cam, (2007) The glutamate-dependent acid resistance system in Escherichia coli: essential and dual role of the His-Asp phosphorelay RcsCDB/AF. *Microbiology (Reading, England)* **153**: 238-246.

Castanie-Cornet, M. P., T. A. Penfound, D. Smith, J. F. Elliott & J. W. Foster, (1999) Control of acid resistance in Escherichia coli. *J Bacteriol* **181**: 3525-3535.

Chang, Y. Y. & J. E. Cronan, Jr., (1999) Membrane cyclopropane fatty acid content is a major factor in acid resistance of Escherichia coli. *Mol Microbiol* **33**: 249-259.

Chilcott, G. S. & K. T. Hughes, (2000) Coupling of flagellar gene expression to flagellar assembly in Salmonella enterica serovar typhimurium and Escherichia coli. *Microbiol Mol Biol Rev* **64**: 694-708.

Choi, S. H., D. J. Baumler & C. W. Kaspar, (2000) Contribution of dps to acid stress tolerance and oxidative stress tolerance in Escherichia coli O157:H7. *Appl Environ Microbiol* **66**: 3911-3916.

Choy, H. E., (1996) Regulated transcription in a complete ribosome-free in vitro system of Escherichia coli. *Methods in enzymology* **274**: 3-8.

Choy, J. S., L. L. Aung & A. W. Karzai, (2007) Lon protease degrades transfer-messenger RNA-tagged proteins. *J Bacteriol* **189**: 6564-6571.

Chung, C. T., S. L. Niemela & R. H. Miller, (1989) One-step preparation of competent Escherichia coli: transformation and storage of bacterial cells in the same solution. *Proc Natl Acad Sci U S A* **86**: 2172-2175.

Coburn, G. A., X. Miao, D. J. Briant & G. A. Mackie, (1999) Reconstitution of a minimal RNA degradosome demonstrates functional coordination between a 3' exonuclease and a DEAD-box RNA helicase. *Genes Dev* **13**: 2594-2603.

Costanzo, A., H. Nicoloff, S. E. Barchinger, A. B. Banta, R. L. Gourse & S. E. Ades, (2008) ppGpp and DksA likely regulate the activity of the extracytoplasmic stress factor sigmaE in Escherichia coli by both direct and indirect mechanisms. *Mol Microbiol* **67**: 619-632.

Davis, B. M., M. Quinones, J. Pratt, Y. Ding & M. K. Waldor, (2005) Characterization of the small untranslated RNA RyhB and its regulon in Vibrio cholerae. *J Bacteriol* **187**: 4005-4014.

Datsenko, K. A. & B. L. Wanner, (2000) One-step inactivation of chromosomal genes in Escherichia coli K-12 using PCR products. *Proc Natl Acad Sci U S A* **97**: 6640-6645.

Deana, A. & J. G. Belasco, (2005) Lost in translation: the influence of ribosomes on bacterial mRNA decay. *Genes Dev* **19**: 2526-2533.

De Biase, D., A. Tramonti, F. Bossa & P. Visca, (1999) The response to stationary-phase stress conditions in Escherichia coli: role and regulation of the glutamic acid decarboxylase system. *Mol Microbiol* **32**: 1198-1211.

Dole, S., Y. Klingen, V. Nagarajavel & K. Schnetz, (2004) The protease Lon and the RNA-binding protein Hfq reduce silencing of the Escherichia coli bgl operon by H-NS. *J Bacteriol* **186**: 2708-2716.
Dougan, D. A., A. Mogk, K. Zeth, K. Turgay & B. Bukau, (2002) AAA+ proteins and substrate recognition, it all depends on their partner in crime. *FEBS Lett* **529**: 6-10.
Dove, S. L., S. A. Darst & A. Hochschild, (2003) Region 4 of sigma as a target for transcription regulation. *Mol Microbiol* **48**: 863-874.
Dublanche, Y., K. Michalodimitrakis, N. Kummerer, M. Foglierini & L. Serrano, (2006) Noise in transcription negative feedback loops: simulation and experimental analysis. *Molecular systems biology* **2**: 41.
Dulebohn, D., J. Choy, T. Sundermeier, N. Okan & A. W. Karzai, (2007) Trans-translation: the tmRNA-mediated surveillance mechanism for ribosome rescue, directed protein degradation, and nonstop mRNA decay. *Biochemistry* **46**: 4681-4693.
Ehretsmann, C. P., A. J. Carpousis & H. M. Krisch, (1992) Specificity of Escherichia coli endoribonuclease RNase E: in vivo and in vitro analysis of mutants in a bacteriophage T4 mRNA processing site. *Genes Dev* **6**: 149-159.
Erbse, A., R. Schmidt, T. Bornemann, J. Schneider-Mergener, A. Mogk, R. Zahn, D. A. Dougan & B. Bukau, (2006) ClpS is an essential component of the N-end rule pathway in Escherichia coli. *Nature* **439**: 753-756.
Escolar, L., J. Perez-Martin & V. de Lorenzo, (1999) Opening the iron box: transcriptional metalloregulation by the Fur protein. *J Bacteriol* **181**: 6223-6229.
Estrem, S. T., W. Ross, T. Gaal, Z. W. Chen, W. Niu, R. H. Ebright & R. L. Gourse, (1999) Bacterial promoter architecture: subsite structure of UP elements and interactions with the carboxy-terminal domain of the RNA polymerase alpha subunit. *Genes Dev* **13**: 2134-2147.
Fischer, H. & R. Glockshuber, (1994) A point mutation within the ATP-binding site inactivates both catalytic functions of the ATP-dependent protease La (Lon) from Escherichia coli. *FEBS Lett* **356**: 101-103.
Flynn, J. M., I. Levchenko, M. Seidel, S. H. Wickner, R. T. Sauer & T. A. Baker, (2001) Overlapping recognition determinants within the ssrA degradation tag allow modulation of proteolysis. *Proc Natl Acad Sci U S A* **98**: 10584-10589.
Flynn, J. M., S. B. Neher, Y. I. Kim, R. T. Sauer & T. A. Baker, (2003) Proteomic discovery of cellular substrates of the ClpXP protease reveals five classes of ClpX-recognition signals. *Mol Cell* **11**: 671-683.
Foster, J. W., (2004) Escherichia coli acid resistance: tales of an amateur acidophile. *Nature reviews* **2**: 898-907.
Frank, E. G., D. G. Ennis, M. Gonzalez, A. S. Levine & R. Woodgate, (1996) Regulation of SOS mutagenesis by proteolysis. *Proc Natl Acad Sci U S A* **93**: 10291-10296.
Gaal, T., W. Ross, E. E. Blatter, H. Tang, X. Jia, V. V. Krishnan, N. Assa-Munt, R. H. Ebright & R. L. Gourse, (1996) DNA-binding determinants of the alpha subunit of RNA polymerase: novel DNA-binding domain architecture. *Genes Dev* **10**: 16-26.
Gaal, T., W. Ross, S. T. Estrem, L. H. Nguyen, R. R. Burgess & R. L. Gourse, (2001) Promoter recognition and discrimination by EsigmaS RNA polymerase. *Mol Microbiol* **42**: 939-954.
Geissmann, T. A. & D. Touati, (2004) Hfq, a new chaperoning role: binding to messenger RNA determines access for small RNA regulator. *Embo J* **23**: 396-405.
Georgellis, D., O. Kwon & E. C. Lin, (2001) Quinones as the redox signal for the arc two-component system of bacteria. *Science* **292**: 2314-2316.
Germer, J., G. Becker, M. Metzner & R. Hengge-Aronis, (2001) Role of activator site position and a distal UP-element half-site for sigma factor selectivity at a CRP/H-NS-activated sigma(s)-dependent promoter in Escherichia coli. *Mol Microbiol* **41**: 705-716.
Giangrossi, M., S. Zattoni, A. Tramonti, D. De Biase & M. Falconi, (2005) Antagonistic role of H-NS and GadX in the regulation of the glutamate decarboxylase-dependent acid resistance system in Escherichia coli. *J Biol Chem* **280**: 21498-21505.
Gonzalez, M., E. G. Frank, A. S. Levine & R. Woodgate, (1998) Lon-mediated proteolysis of the Escherichia coli UmuD mutagenesis protein: in vitro degradation and identification of residues required for proteolysis. *Genes Dev* **12**: 3889-3899.

Gonzalez, M., F. Rasulova, M. R. Maurizi & R. Woodgate, (2000) Subunit-specific degradation of the UmuD/D' heterodimer by the ClpXP protease: the role of trans recognition in UmuD' stability. *Embo J* **19**: 5251-5258.

Gottesman, S., P. Trisler & A. Torres-Cabassa, (1985) Regulation of capsular polysaccharide synthesis in Escherichia coli K-12: characterization of three regulatory genes. *J Bacteriol* **162**: 1111-1119.Gottesman, S., (1996) Proteases and their targets in Escherichia coli. *Annu Rev Genet* **30**: 465-506.

Gottesman, S., (1999) Regulation by proteolysis: developmental switches. *Curr Opin Microbiol* **2**: 142-147.

Gottesman, S., E. Roche, Y. Zhou & R. T. Sauer, (1998) The ClpXP and ClpAP proteases degrade proteins with carboxy-terminal peptide tails added by the SsrA-tagging system. *Genes Dev* **12**: 1338-1347.

Gourse, R. L., W. Ross & T. Gaal, (2000) UPs and downs in bacterial transcription initiation: the role of the alpha subunit of RNA polymerase in promoter recognition. *Mol Microbiol* **37**: 687-695.

Grainger, D. C., D. Hurd, M. D. Goldberg & S. J. Busby, (2006) Association of nucleoid proteins with coding and non-coding segments of the Escherichia coli genome. *Nucleic Acids Res* **34**: 4642-4652.

Griffith, K. L., I. M. Shah & R. E. Wolf, Jr., (2004) Proteolytic degradation of Escherichia coli transcription activators SoxS and MarA as the mechanism for reversing the induction of the superoxide (SoxRS) and multiple antibiotic resistance (Mar) regulons. *Mol Microbiol* **51**: 1801-1816.

Grigorova, I. L., N. J. Phleger, V. K. Mutalik & C. A. Gross, (2006) Insights into transcriptional regulation and sigma competition from an equilibrium model of RNA polymerase binding to DNA. *Proc Natl Acad Sci U S A* **103**: 5332-5337.

Grimaud, R., M. Kessel, F. Beuron, A. C. Steven & M. R. Maurizi, (1998) Enzymatic and structural similarities between the Escherichia coli ATP-dependent proteases, ClpXP and ClpAP. *J Biol Chem* **273**: 12476-12481.

Gross, C. A., C. Chan, A. Dombroski, T. Gruber, M. Sharp, J. Tupy & B. Young, (1998) The functional and regulatory roles of sigma factors in transcription. *Cold Spring Harbor symposia on quantitative biology* **63**: 141-155.

Hantke, K., (2001) Iron and metal regulation in bacteria. *Curr Opin Microbiol* **4**: 172-177.

Helmann, J. D., (1991) Alternative sigma factors and the regulation of flagellar gene expression. *Mol Microbiol* **5**: 2875-2882.

Helmann, J. D. & M. J. Chamberlin, (1988) Structure and function of bacterial sigma factors. *Annu Rev Biochem* **57**: 839-872.

Hengge, R. & B. Bukau, (2003) Proteolysis in prokaryotes: protein quality control and regulatory principles. *Mol Microbiol* **49**: 1451-1462.

Hengge-Aronis, R., (1996) Back to log phase: sigma S as a global regulator in the osmotic control of gene expression in Escherichia coli. *Mol Microbiol* **21**: 887-893.

Hengge-Aronis, R., (2002a) Recent insights into the general stress response regulatory network in Escherichia coli. *J Mol Microbiol Biotechnol* **4**: 341-346.

Hengge-Aronis, R., (2002b) Signal transduction and regulatory mechanisms involved in control of the sigma(S) (RpoS) subunit of RNA polymerase. *Microbiol Mol Biol Rev* **66**: 373-395, table of contents.

Herman, C., D. Thevenet, P. Bouloc, G. C. Walker & R. D'Ari, (1998) Degradation of carboxy-terminal-tagged cytoplasmic proteins by the Escherichia coli protease HflB (FtsH). *Genes Dev* **12**: 1348-1355.

Hershko, A. & A. Ciechanover, (1986) The ubiquitin pathway for the degradation of intracellular proteins. *Progress in nucleic acid research and molecular biology* **33**: 19-56, 301.

Hommais, F., E. Krin, J. Y. Coppee, C. Lacroix, E. Yeramian, A. Danchin & P. Bertin, (2004) GadE (YhiE): a novel activator involved in the response to acid environment in Escherichia coli. *Microbiology (Reading, England)* **150**: 61-72.

Hong, W., W. Jiao, J. Hu, J. Zhang, C. Liu, X. Fu, D. Shen, B. Xia & Z. Chang, (2005) Periplasmic protein HdeA exhibits chaperone-like activity exclusively within stomach pH range by transforming into disordered conformation. *J Biol Chem* **280**: 27029-27034.

Hughes, K. T. & K. Mathee, (1998) The anti-sigma factors. *Annual review of microbiology* **52**: 231-286.
Ilag, L. L., L. F. Westblade, C. Deshayes, A. Kolb, S. J. Busby & C. V. Robinson, (2004) Mass spectrometry of Escherichia coli RNA polymerase: interactions of the core enzyme with sigma70 and Rsd protein. *Structure* **12**: 269-275.
Ishihama, A., (1993) Protein-protein communication within the transcription apparatus. *J Bacteriol* **175**: 2483-2489.
Ishihama, A., (2000) Functional modulation of Escherichia coli RNA polymerase. *Annual review of microbiology* **54**: 499-518.
Iyer, R., T. M. Iverson, A. Accardi & C. Miller, (2002) A biological role for prokaryotic ClC chloride channels. *Nature* **419**: 715-718.
Jenal, U., (2004) Cyclic di-guanosine-monophosphate comes of age: a novel secondary messenger involved in modulating cell surface structures in bacteria? *Curr Opin Microbiol* **7**: 185-191.
Jenal, U. & R. Hengge-Aronis, (2003) Regulation by proteolysis in bacterial cells. *Curr Opin Microbiol* **6**: 163-172.
Jeong, J., P. Berman & T. Przytycka, (2006) Fold classification based on secondary structure--how much is gained by including loop topology? *BMC structural biology* **6**: 3.
Jishage, M. & A. Ishihama, (1998) A stationary phase protein in Escherichia coli with binding activity to the major sigma subunit of RNA polymerase. *Proc Natl Acad Sci U S A* **95**: 4953-4958.
Jishage, M., K. Kvint, V. Shingler & T. Nystrom, (2002) Regulation of sigma factor competition by the alarmone ppGpp. *Genes Dev* **16**: 1260-1270.
Johansen, J., A. A. Rasmussen, M. Overgaard & P. Valentin-Hansen, (2006) Conserved small non-coding RNAs that belong to the sigmaE regulon: role in down-regulation of outer membrane proteins. *J Mol Biol* **364**: 1-8.
Johansson, J., S. Eriksson, B. Sonden, S. N. Wai & B. E. Uhlin, (2001) Heteromeric interactions among nucleoid-associated bacterial proteins: localization of StpA-stabilizing regions in H-NS of Escherichia coli. *J Bacteriol* **183**: 2343-2347.
Johansson, J. & B. E. Uhlin, (1999) Differential protease-mediated turnover of H-NS and StpA revealed by a mutation altering protein stability and stationary-phase survival of Escherichia coli. *Proc Natl Acad Sci U S A* **96**: 10776-10781.
Jubete, Y., M. R. Maurizi & S. Gottesman, (1996) Role of the heat shock protein DnaJ in the lon-dependent degradation of naturally unstable proteins. *J Biol Chem* **271**: 30798-30803.
Kadner, R. J., (2005) Regulation by iron: RNA rules the rust. *J Bacteriol* **187**: 6870-6873.
Kalir, S., S. Mangan & U. Alon, (2005) A coherent feed-forward loop with a SUM input function prolongs flagella expression in Escherichia coli. *Molecular systems biology* **1**: 2005 0006.
Kanehara, K., K. Ito & Y. Akiyama, (2002) YaeL (EcfE) activates the sigma(E) pathway of stress response through a site-2 cleavage of anti-sigma(E), RseA. *Genes Dev* **16**: 2147-2155.
Kanemori, M., K. Nishihara, H. Yanagi & T. Yura, (1997) Synergistic roles of HslVU and other ATP-dependent proteases in controlling in vivo turnover of sigma32 and abnormal proteins in Escherichia coli. *J Bacteriol* **179**: 7219-7225.
Kawamoto, H., Y. Koide, T. Morita & H. Aiba, (2006) Base-pairing requirement for RNA silencing by a bacterial small RNA and acceleration of duplex formation by Hfq. *Mol Microbiol* **61**: 1013-1022.
Keiler, K. C., P. R. Waller & R. T. Sauer, (1996) Role of a peptide tagging system in degradation of proteins synthesized from damaged messenger RNA. *Science* **271**: 990-993.
Kennell, D., (2002) Processing endoribonucleases and mRNA degradation in bacteria. *J Bacteriol* **184**: 4645-4657; discussion 4665.
Kern, R., A. Malki, J. Abdallah, J. Tagourti & G. Richarme, (2007) Escherichia coli HdeB is an acid stress chaperone. *J Bacteriol* **189**: 603-610.
Kessler, G. & J. Friedman, (1998) Metabolism of fatty acids and glucose. *Circulation* **98**: 1351.
Kim, Y. I., R. E. Burton, B. M. Burton, R. T. Sauer & T. A. Baker, (2000) Dynamics of substrate denaturation and translocation by the ClpXP degradation machine. *Mol Cell* **5**: 639-648.
King, P. W. & A. E. Przybyla, (1999) Response of hya expression to external pH in Escherichia coli. *J Bacteriol* **181**: 5250-5256.

Klauck, E., J. Bohringer & R. Hengge-Aronis, (1997) The LysR-like regulator LeuO in Escherichia coli is involved in the translational regulation of rpoS by affecting the expression of the small regulatory DsrA-RNA. *Mol Microbiol* **25**: 559-569.

Klauck, E., M. Lingnau & R. Hengge-Aronis, (2001) Role of the response regulator RssB in sigma recognition and initiation of sigma proteolysis in Escherichia coli. *Mol Microbiol* **40**: 1381-1390.

Kuroda, A., K. Nomura, R. Ohtomo, J. Kato, T. Ikeda, N. Takiguchi, H. Ohtake & A. Kornberg, (2001) Role of inorganic polyphosphate in promoting ribosomal protein degradation by the Lon protease in E. coli. *Science* **293**: 705-708.

Kusano, S., Q. Ding, N. Fujita & A. Ishihama, (1996) Promoter selectivity of Escherichia coli RNA polymerase E sigma 70 and E sigma 38 holoenzymes. Effect of DNA supercoiling. *J Biol Chem* **271**: 1998-2004.

Kustu, S., E. Santero, J. Keener, D. Popham & D. Weiss, (1989) Expression of sigma 54 (ntrA)-dependent genes is probably united by a common mechanism. *Microbiol Rev* **53**: 367-376.

Lacour, S., A. Kolb & P. Landini, (2003) Nucleotides from -16 to -12 determine specific promoter recognition by bacterial sigmaS-RNA polymerase. *J Biol Chem* **278**: 37160-37168.

Laemmli, U. K., (1970) Cleavage of structural proteins during the assembly of the head of bacteriophage T4. *Nature* **227**: 680-685.

Landick, R., (1999) Shifting RNA polymerase into overdrive. *Science* **284**: 598-599.

Lang, B., N. Blot, E. Bouffartigues, M. Buckle, M. Geertz, C. O. Gualerzi, R. Mavathur, G. Muskhelishvili, C. L. Pon, S. Rimsky, S. Stella, M. M. Babu & A. Travers, (2007) High-affinity DNA binding sites for H-NS provide a molecular basis for selective silencing within proteobacterial genomes. *Nucleic Acids Res* **35**: 6330-6337.

Lange, R. & R. Hengge-Aronis, (1991) Identification of a central regulator of stationary-phase gene expression in Escherichia coli. *Mol Microbiol* **5**: 49-59.

Lange, R., M. Barth & R. Hengge-Aronis, (1993) Complex transcriptional control of the sigma s-dependent stationary-phase-induced and osmotically regulated osmY (csi-5) gene suggests novel roles for Lrp, cyclic AMP (cAMP) receptor protein-cAMP complex, and integration host factor in the stationary-phase response of Escherichia coli. *J Bacteriol* **175**: 7910-7917.

Lange, R. & R. Hengge-Aronis, (1994) The cellular concentration of the sigma S subunit of RNA polymerase in Escherichia coli is controlled at the levels of transcription, translation, and protein stability. *Genes Dev* **8**: 1600-1612.

Laurie, A. D., L. M. Bernardo, C. C. Sze, E. Skarfstad, A. Szalewska-Palasz, T. Nystrom & V. Shingler, (2003) The role of the alarmone (p)ppGpp in sigma N competition for core RNA polymerase. *J Biol Chem* **278**: 1494-1503.

Lease, R. A., M. E. Cusick & M. Belfort, (1998) Riboregulation in Escherichia coli: DsrA RNA acts by RNA:RNA interactions at multiple loci. *Proc Natl Acad Sci U S A* **95**: 12456-12461.

Lease, R. A. & S. A. Woodson, (2004) Cycling of the Sm-like protein Hfq on the DsrA small regulatory RNA. *J Mol Biol* **344**: 1211-1223.

Levchenko, I., R. A. Grant, D. A. Wah, R. T. Sauer & T. A. Baker, (2003) Structure of a delivery protein for an AAA+ protease in complex with a peptide degradation tag. *Mol Cell* **12**: 365-372.

Levchenko, I., L. Luo & T. A. Baker, (1995) Disassembly of the Mu transposase tetramer by the ClpX chaperone. *Genes Dev* **9**: 2399-2408.

Levchenko, I., M. Seidel, R. T. Sauer & T. A. Baker, (2000) A specificity-enhancing factor for the ClpXP degradation machine. *Science* **289**: 2354-2356.

Levine, M. & E. H. Davidson, (2005) Gene regulatory networks for development. *Proc Natl Acad Sci U S A* **102**: 4936-4942.

Lewinson, O., E. Padan & E. Bibi, (2004) Alkalitolerance: a biological function for a multidrug transporter in pH homeostasis. *Proc Natl Acad Sci U S A* **101**: 14073-14078.

Li, C., Y. P. Tao & L. D. Simon, (2000) Expression of different-size transcripts from the clpP-clpX operon of Escherichia coli during carbon deprivation. *J Bacteriol* **182**: 6630-6637.

Lin, E.C.C., 1996, Dissimilatory pathways of sugar, polyols, and carboxylates, *Escherichia coli and Salmonella typhimurium* **1**: p.307-342, 2nd edition ASM Press, Washington D.C.

Lonetto, M., M. Gribskov & C. A. Gross, (1992) The sigma 70 family: sequence conservation and evolutionary relationships. *J Bacteriol* **174**: 3843-3849.

Lonetto, M. A., K. L. Brown, K. E. Rudd & M. J. Buttner, (1994) Analysis of the Streptomyces coelicolor sigE gene reveals the existence of a subfamily of eubacterial RNA polymerase sigma factors involved in the regulation of extracytoplasmic functions. *Proc Natl Acad Sci U S A* **91**: 7573-7577.

Lucht, J. M., P. Dersch, B. Kempf & E. Bremer, (1994) Interactions of the nucleoid-associated DNA-binding protein H-NS with the regulatory region of the osmotically controlled proU operon of Escherichia coli. *J Biol Chem* **269**: 6578-6578.

Luo, S., M. McNeill, T. G. Myers, R. J. Hohman & R. L. Levine, (2008) Lon protease promotes survival of Escherichia coli during anaerobic glucose starvation. *Archives of microbiology* **189**: 181-185.

Ma, Z., N. Masuda & J. W. Foster, (2004) Characterization of EvgAS-YdeO-GadE branched regulatory circuit governing glutamate-dependent acid resistance in Escherichia coli. *J Bacteriol* **186**: 7378-7389.

Ma, Z., H. Richard, D. L. Tucker, T. Conway & J. W. Foster, (2002) Collaborative regulation of Escherichia coli glutamate-dependent acid resistance by two AraC-like regulators, GadX and GadW (YhiW). *J Bacteriol* **184**: 7001-7012.

Ma, Z., S. Gong, H. Richard, D. L. Tucker, T. Conway & J. W. Foster, (2003a) GadE (YhiE) activates glutamate decarboxylase-dependent acid resistance in Escherichia coli K-12. *Mol Microbiol* **49**: 1309-1320.

Ma, Z., H. Richard & J. W. Foster, (2003b) pH-Dependent modulation of cyclic AMP levels and GadW-dependent repression of RpoS affect synthesis of the GadX regulator and Escherichia coli acid resistance. *J Bacteriol* **185**: 6852-6859.

Ma, Z., H. Richard, D. L. Tucker, T. Conway & J. W. Foster, (2002) Collaborative regulation of Escherichia coli glutamate-dependent acid resistance by two AraC-like regulators, GadX and GadW (YhiW). *J Bacteriol* **184**: 7001-7012.

Madshus, I. H., (1988) Regulation of intracellular pH in eukaryotic cells. *The Biochemical journal* **250**: 1-8.

Maeda, Y. T. & M. Sano, (2006) Regulatory dynamics of synthetic gene networks with positive feedback. *J Mol Biol* **359**: 1107-1124.

Majdalani, N., S. Chen, J. Murrow, K. St John & S. Gottesman, (2001) Regulation of RpoS by a novel small RNA: the characterization of RprA. *Mol Microbiol* **39**: 1382-1394.

Majdalani, N., C. Cunning, D. Sledjeski, T. Elliott & S. Gottesman, (1998) DsrA RNA regulates translation of RpoS message by an anti-antisense mechanism, independent of its action as an antisilencer of transcription. *Proc Natl Acad Sci U S A* **95**: 12462-12467.

Majdalani, N., D. Hernandez & S. Gottesman, (2002) Regulation and mode of action of the second small RNA activator of RpoS translation, RprA. *Mol Microbiol* **46**: 813-826.

Mangan, S. & U. Alon, (2003) Structure and function of the feed-forward loop network motif. *Proc Natl Acad Sci U S A* **100**: 11980-11985.

Mangan, S., S. Itzkovitz, A. Zaslaver & U. Alon, (2006) The incoherent feed-forward loop accelerates the response-time of the gal system of Escherichia coli. *J Mol Biol* **356**: 1073-1081.

Mangan, S., A. Zaslaver & U. Alon, (2003) The coherent feedforward loop serves as a sign-sensitive delay element in transcription networks. *J Mol Biol* **334**: 197-204.

Mao, Y., M. P. Doyle & J. Chen, (2001) Insertion mutagenesis of wca reduces acid and heat tolerance of enterohemorrhagic Escherichia coli O157:H7. *J Bacteriol* **183**: 3811-3815.

Martinez-Antonio, A., H. Salgado, S. Gama-Castro, R. M. Gutierrez-Rios, V. Jimenez-Jacinto & J. Collado-Vides, (2003) Environmental conditions and transcriptional regulation in Escherichia coli: a physiological integrative approach. *Biotechnology and bioengineering* **84**: 743-749.

Masse, E. & S. Gottesman, (2002) A small RNA regulates the expression of genes involved in iron metabolism in Escherichia coli. *Proc Natl Acad Sci U S A* **99**: 4620-4625.

Masse, E., N. Majdalani & S. Gottesman, (2003) Regulatory roles for small RNAs in bacteria. *Curr Opin Microbiol* **6**: 120-124.

Masuda, N. & G. M. Church, (2002) Escherichia coli gene expression responsive to levels of the response regulator EvgA. *J Bacteriol* **184**: 6225-6234.

Masuda, N. & G. M. Church, (2003) Regulatory network of acid resistance genes in Escherichia coli. *Mol Microbiol* **48**: 699-712.

Matin, A., (1999) pH homeostasis in acidophiles. *Novartis Foundation symposium* **221**: 152-163; discussion 163-156.
Maurizi, M. R., (1992) Proteases and protein degradation in Escherichia coli. *Experientia* **48**: 178-201.
Maurizi, M. R., W. P. Clark, S. H. Kim & S. Gottesman, (1990) Clp P represents a unique family of serine proteases. *J Biol Chem* **265**: 12546-12552.
Maurizi, M. R., P. Trisler & S. Gottesman, (1985) Insertional mutagenesis of the lon gene in Escherichia coli: lon is dispensable. *J Bacteriol* **164**: 1124-1135.
Mecsas, J., P. E. Rouviere, J. W. Erickson, T. J. Donohue & C. A. Gross, (1993) The activity of sigma E, an Escherichia coli heat-inducible sigma-factor, is modulated by expression of outer membrane proteins. *Genes Dev* **7**: 2618-2628.
Mika, F. & R. Hengge, (2005) A two-component phosphotransfer network involving ArcB, ArcA, and RssB coordinates synthesis and proteolysis of sigmaS (RpoS) in E. coli. *Genes Dev* **19**: 2770-2781.
Miller, J. H., (1972) Experiments in molecular genetics. *A laboratory manual and handbook for Escherichia coli and related bacteria* **Cold Spring Harbor Laboratory Press, Cold Spring Harbor**.
Mizusawa, S. & S. Gottesman, (1983) Protein degradation in Escherichia coli: the lon gene controls the stability of sulA protein. *Proc Natl Acad Sci U S A* **80**: 358-362.
Mogk, A., R. Schmidt & B. Bukau, (2007) The N-end rule pathway for regulated proteolysis: prokaryotic and eukaryotic strategies. *Trends in cell biology* **17**: 165-172.
Moller, T., T. Franch, P. Hojrup, D. R. Keene, H. P. Bachinger, R. G. Brennan & P. Valentin-Hansen, (2002) Hfq: a bacterial Sm-like protein that mediates RNA-RNA interaction. *Mol Cell* **9**: 23-30.
Morita, T., K. Maki & H. Aiba, (2005) RNase E-based ribonucleoprotein complexes: mechanical basis of mRNA destabilization mediated by bacterial noncoding RNAs. *Genes Dev* **19**: 2176-2186.
Morita, T., Y. Mochizuki & H. Aiba, (2006) Translational repression is sufficient for gene silencing by bacterial small noncoding RNAs in the absence of mRNA destruction. *Proc Natl Acad Sci U S A* **103**: 4858-4863.
Moulin, L., A. R. Rahmouni & F. Boccard, (2005) Topological insulators inhibit diffusion of transcription-induced positive supercoils in the chromosome of Escherichia coli. *Mol Microbiol* **55**: 601-610.
Muffler, A., M. Barth, C. Marschall & R. Hengge-Aronis, (1997) Heat shock regulation of sigmaS turnover: a role for DnaK and relationship between stress responses mediated by sigmaS and sigma32 in Escherichia coli. *J Bacteriol* **179**: 445-452.
Muffler, A., D. Fischer, S. Altuvia, G. Storz & R. Hengge-Aronis, (1996a) The response regulator RssB controls stability of the sigma(S) subunit of RNA polymerase in Escherichia coli. *Embo J* **15**: 1333-1339.
Muffler, A., D. Fischer & R. Hengge-Aronis, (1996b) The RNA-binding protein HF-I, known as a host factor for phage Qbeta RNA replication, is essential for rpoS translation in Escherichia coli. *Genes Dev* **10**: 1143-1151.
Muller-Hill, B., (1975) Lac repressor and lac operator. *Progress in biophysics and molecular biology* **30**: 227-252.
Narberhaus, F., T. Waldminghaus & S. Chowdhury, (2006) RNA thermometers. *FEMS microbiology reviews* **30**: 3-16.
Neher, S. B., J. M. Flynn, R. T. Sauer & T. A. Baker, (2003) Latent ClpX-recognition signals ensure LexA destruction after DNA damage. *Genes Dev* **17**: 1084-1089.
Nguyen, L. H., D. B. Jensen, N. E. Thompson, D. R. Gentry & R. R. Burgess, (1993) In vitro functional characterization of overproduced Escherichia coli katF/rpoS gene product. *Biochemistry* **32**: 11112-11117.
Nishii, W., T. Maruyama, R. Matsuoka, T. Muramatsu & K. Takahashi, (2002) The unique sites in SulA protein preferentially cleaved by ATP-dependent Lon protease from Escherichia coli. *Eur J Biochem* **269**: 451-457.
Nomura, K., J. Kato, N. Takiguchi, H. Ohtake & A. Kuroda, (2004) Effects of inorganic polyphosphate on the proteolytic and DNA-binding activities of Lon in Escherichia coli. *J Biol Chem* **279**: 34406-34410.

Ojangu, E. L., A. Tover, R. Teras & M. Kivisaar, (2000) Effects of combination of different -10 hexamers and downstream sequences on stationary-phase-specific sigma factor sigma(S)-dependent transcription in Pseudomonas putida. *J Bacteriol* **182**: 6707-6713.
Opdyke, J. A., J. G. Kang & G. Storz, (2004) GadY, a small-RNA regulator of acid response genes in Escherichia coli. *J Bacteriol* **186**: 6698-6705.
Outten, F. W., C. E. Outten, J. Hale & T. V. O'Halloran, (2000) Transcriptional activation of an Escherichia coli copper efflux regulon by the chromosomal MerR homologue, cueR. *J Biol Chem* **275**: 31024-31029.
Paasch, A., (2007) Regulation und Funktion einer zweiten potenziellen Phospholipase (YjjU) in Escherichia coli. *Diplomarbeit*.
Padan, E., E. Bibi, M. Ito & T. A. Krulwich, (2005) Alkaline pH homeostasis in bacteria: new insights. *Biochimica et biophysica acta* **1717**: 67-88.
Padan, E., D. Zilberstein & S. Schuldiner, (1981) pH homeostasis in bacteria. *Biochimica et biophysica acta* **650**: 151-166.
Park, S. C., B. Jia, J. K. Yang, D. L. Van, Y. G. Shao, S. W. Han, Y. J. Jeon, C. H. Chung & G. W. Cheong, (2006) Oligomeric structure of the ATP-dependent protease La (Lon) of Escherichia coli. *Molecules and cells* **21**: 129-134.
Park, Y. K., B. Bearson, S. H. Bang, I. S. Bang & J. W. Foster, (1996) Internal pH crisis, lysine decarboxylase and the acid tolerance response of Salmonella typhimurium. *Mol Microbiol* **20**: 605-611.
Perez-Rueda, E. & J. Collado-Vides, (2000) The repertoire of DNA-binding transcriptional regulators in Escherichia coli K-12. *Nucleic Acids Res* **28**: 1838-1847.
Petersen, C., L. B. Moller & P. Valentin-Hansen, (2002) The cryptic adenine deaminase gene of Escherichia coli. Silencing by the nucleoid-associated DNA-binding protein, H-NS, and activation by insertion elements. *J Biol Chem* **277**: 31373-31380.
Phillips, T. A., R. A. VanBogelen & F. C. Neidhardt, (1984) lon gene product of Escherichia coli is a heat-shock protein. *J Bacteriol* **159**: 283-287.
Postow, L., C. D. Hardy, J. Arsuaga & N. R. Cozzarelli, (2004) Topological domain structure of the Escherichia coli chromosome. *Genes Dev* **18**: 1766-1779.
Powell, B. S., M. P. Rivas, D. L. Court, Y. Nakamura & C. L. Turnbough, Jr., (1994) Rapid confirmation of single copy lambda prophage integration by PCR. *Nucleic Acids Res* **22**: 5765-5766.
Pratt, L. A. & T. J. Silhavy, (1996) The response regulator SprE controls the stability of RpoS. *Proc Natl Acad Sci U S A* **93**: 2488-2492.
Prosseda, G., M. Carmela Latella, M. Barbagallo, M. Nicoletti, R. Al Kassas, M. Casalino & B. Colonna, (2007) The two-faced role of cad genes in the virulence of pathogenic Escherichia coli. *Research in microbiology* **158**: 487-493.
Pruteanu, M. & R. Hengge-Aronis, (2002) The cellular level of the recognition factor RssB is rate-limiting for sigmaS proteolysis: implications for RssB regulation and signal transduction in sigmaS turnover in Escherichia coli. *Mol Microbiol* **45**: 1701-1713.
Pruteanu, M., S. B. Neher & T. A. Baker, (2007) Ligand-controlled proteolysis of the Escherichia coli transcriptional regulator ZntR. *J Bacteriol* **189**: 3017-3025.
Rawlings, N. D. & A. J. Barrett, (1994a) Families of cysteine peptidases. *Methods in enzymology* **244**: 461-486.
Rawlings, N. D. & A. J. Barrett, (1994b) Families of serine peptidases. *Methods in enzymology* **244**: 19-61.
Rawlings, N. D. & A. J. Barrett, (1995a) Evolutionary families of metallopeptidases. *Methods in enzymology* **248**: 183-228.
Rawlings, N. D. & A. J. Barrett, (1995b) Families of aspartic peptidases, and those of unknown catalytic mechanism. *Methods in enzymology* **248**: 105-120.
Rawlings, N. D., D. P. Tolle & A. J. Barrett, (2004) MEROPS: the peptidase database. *Nucleic Acids Res* **32**: D160-164.
Record, M. T. J., W. S. Reznikoff, M. L. Craig, K. L. McQuade & P. J. Schlax, (1996) Escherichia coli RNA Polymerase (Esigma70), promoters and the kinetics of the stps of transcription initiation. *Escherichia coli and Salmonella typhimurium: cellular and molecular biology (Neidhardt, F.C.)* **2nd ed.**: 793-820.

Reed, J. L., T. D. Vo, C. H. Schilling & B. O. Palsson, (2003) An expanded genome-scale model of Escherichia coli K-12 (iJR904 GSM/GPR). *Genome biology* **4**: R54.

Repoila, F. & S. Gottesman, (2001) Signal transduction cascade for regulation of RpoS: temperature regulation of DsrA. *J Bacteriol* **183**: 4012-4023.

Repoila, F., N. Majdalani & S. Gottesman, (2003) Small non-coding RNAs, co-ordinators of adaptation processes in Escherichia coli: the RpoS paradigm. *Mol Microbiol* **48**: 855-861.

Richard, H. & J. W. Foster, (2004) Escherichia coli glutamate- and arginine-dependent acid resistance systems increase internal pH and reverse transmembrane potential. *J Bacteriol* **186**: 6032-6041.

Richard, H. & J. W. Foster, (2007) Sodium regulates Escherichia coli acid resistance, and influences GadX- and GadW-dependent activation of gadE. *Microbiology (Reading, England)* **153**: 3154-3161.

Richet, E., D. Vidal-Ingigliardi & O. Raibaud, (1991) A new mechanism for coactivation of transcription initiation: repositioning of an activator triggered by the binding of a second activator. *Cell* **66**: 1185-1195.

Romling, U., M. Gomelsky & M. Y. Galperin, (2005) C-di-GMP: the dawning of a novel bacterial signalling system. *Mol Microbiol* **57**: 629-639.

Rosen, R., D. Biran, E. Gur, D. Becher, M. Hecker & E. Z. Ron, (2002) Protein aggregation in Escherichia coli: role of proteases. *FEMS microbiology letters* **207**: 9-12.

Rosenfeld, N., M. B. Elowitz & U. Alon, (2002) Negative autoregulation speeds the response times of transcription networks. *J Mol Biol* **323**: 785-793.

Rotanova, T. V., I. Botos, E. E. Melnikov, F. Rasulova, A. Gustchina, M. R. Maurizi & A. Wlodawer, (2006) Slicing a protease: structural features of the ATP-dependent Lon proteases gleaned from investigations of isolated domains. *Protein Sci* **15**: 1815-1828.

Rouault, T. A., (2002) Post-transcriptional regulation of human iron metabolism by iron regulatory proteins. *Blood cells, molecules & diseases* **29**: 309-314.

Sambrook, J. & M. J. Gething, (1989) Protein structure. Chaperones, paperones [news; comment]. *Nature* **342**: 224-225.

Sauer, R. T., D. N. Bolon, B. M. Burton, R. E. Burton, J. M. Flynn, R. A. Grant, G. L. Hersch, S. A. Joshi, J. A. Kenniston, I. Levchenko, S. B. Neher, E. S. Oakes, S. M. Siddiqui, D. A. Wah & T. A. Baker, (2004) Sculpting the proteome with AAA(+) proteases and disassembly machines. *Cell* **119**: 9-18.

Sayed, A. K., C. Odom & J. W. Foster, (2007) The Escherichia coli AraC-family regulators GadX and GadW activate gadE, the central activator of glutamate-dependent acid resistance. *Microbiology (Reading, England)* **153**: 2584-2592.

Schnetz, K., (1995) Silencing of Escherichia coli bgl promoter by flanking sequence elements. *Embo J* **14**: 2545-2550.

Schroder, I., S. Darie & R. P. Gunsalus, (1993) Activation of the Escherichia coli nitrate reductase (narGHJI) operon by NarL and Fnr requires integration host factor. *J Biol Chem* **268**: 771-774.

Schweder, T., K. H. Lee, O. Lomovskaya & A. Matin, (1996) Regulation of Escherichia coli starvation sigma factor (sigma s) by ClpXP protease. *J Bacteriol* **178**: 470-476.

Seshasayee, A. S., P. Bertone, G. M. Fraser & N. M. Luscombe, (2006) Transcriptional regulatory networks in bacteria: from input signals to output responses. *Curr Opin Microbiol* **9**: 511-519.

Shah, I. M. & R. E. Wolf, Jr., (2006a) Inhibition of Lon-dependent degradation of the Escherichia coli transcription activator SoxS by interaction with 'soxbox' DNA or RNA polymerase. *Mol Microbiol* **60**: 199-208.

Shah, I. M. & R. E. Wolf, Jr., (2006b) Sequence requirements for Lon-dependent degradation of the Escherichia coli transcription activator SoxS: identification of the SoxS residues critical to proteolysis and specific inhibition of in vitro degradation by a peptide comprised of the N-terminal 21 amino acid residues. *J Mol Biol* **357**: 718-731.

Shen-Orr, S. S., R. Milo, S. Mangan & U. Alon, (2002) Network motifs in the transcriptional regulation network of Escherichia coli. *Nature genetics* **31**: 64-68.

Shin, M., M. Song, J. H. Rhee, Y. Hong, Y. J. Kim, Y. J. Seok, K. S. Ha, S. H. Jung & H. E. Choy, (2005) DNA looping-mediated repression by histone-like protein H-NS: specific requirement of Esigma70 as a cofactor for looping. *Genes Dev* **19**: 2388-2398.

Shin, S., M. P. Castanie-Cornet, J. W. Foster, J. A. Crawford, C. Brinkley & J. B. Kaper, (2001) An activator of glutamate decarboxylase genes regulates the expression of enteropathogenic Escherichia coli virulence genes through control of the plasmid-encoded regulator, Per. *Mol Microbiol* **41**: 1133-1150.

Silhavy, T. J., M. L. Berman & L. W. Enquist, (1984) Experiments with gene fusions. *Cold Spring Harbor Laboratory Press, Cold Spring Harbor.*

Simons, R. W., F. Houman & N. Kleckner, (1987) Improved single and multicopy lac-based cloning vectors for protein and operon fusions. *Gene* **53**: 85-96.

Sledjeski, D. & S. Gottesman, (1995) A small RNA acts as an antisilencer of the H-NS-silenced rcsA gene of Escherichia coli. *Proc Natl Acad Sci U S A* **92**: 2003-2007

Sledjeski, D. D., A. Gupta & S. Gottesman, (1996) The small RNA, DsrA, is essential for the low temperature expression of RpoS during exponential growth in Escherichia coli. *Embo J* **15**: 3993-4000.

Sledjeski, D. D., C. Whitman & A. Zhang, (2001) Hfq is necessary for regulation by the untranslated RNA DsrA. *J Bacteriol* **183**: 1997-2005.

Small, P., D. Blankenhorn, D. Welty, E. Zinser & J. L. Slonczewski, (1994) Acid and base resistance in Escherichia coli and Shigella flexneri: role of rpoS and growth pH. *J Bacteriol* **176**: 1729-1737.

Smith, C. K., T. A. Baker & R. T. Sauer, (1999) Lon and Clp family proteases and chaperones share homologous substrate-recognition domains. *Proc Natl Acad Sci U S A* **96**: 6678-6682.

Smith, D. K., T. Kassam, B. Singh & J. F. Elliott, (1992) Escherichia coli has two homologous glutamate decarboxylase genes that map to distinct loci. *J Bacteriol* **174**: 5820-5826.

Smith, J. L., (2003) The role of gastric acid in preventing foodborne disease and how bacteria overcome acid conditions. *Journal of food protection* **66**: 1292-1303.

Stephani, K., D. Weichart & R. Hengge, (2003) Dynamic control of Dps protein levels by ClpXP and ClpAP proteases in Escherichia coli. *Mol Microbiol* **49**: 1605-1614.

Studemann, A., M. Noirclerc-Savoye, E. Klauck, G. Becker, D. Schneider & R. Hengge, (2003) Sequential recognition of two distinct sites in sigma(S) by the proteolytic targeting factor RssB and ClpX. *Embo J* **22**: 4111-4120.

Takayanagi, Y., K. Tanaka & H. Takahashi, (1994) Structure of the 5' upstream region and the regulation of the rpoS gene of Escherichia coli. *Mol Gen Genet* **243**: 525-531.

Tanaka, K., S. Kusano, N. Fujita, A. Ishihama & H. Takahashi, (1995) Promoter determinants for Escherichia coli RNA polymerase holoenzyme containing sigma 38 (the rpoS gene product). *Nucleic Acids Res* **23**: 827-834.

Tanaka, K., Y. Takayanagi, N. Fujita, A. Ishihama & H. Takahashi, (1993) Heterogeneity of the principal sigma factor in Escherichia coli: the rpoS gene product, sigma 38, is a second principal sigma factor of RNA polymerase in stationary-phase Escherichia coli [published erratum appears in Proc Natl Acad Sci U S A 1993 Sep 1;90(17):8303]. *Proc Natl Acad Sci U S A* **90**: 3511-3515.

Tasaki, T., L. C. Mulder, A. Iwamatsu, M. J. Lee, I. V. Davydov, A. Varshavsky, M. Muesing & Y. T. Kwon, (2005) A family of mammalian E3 ubiquitin ligases that contain the UBR box motif and recognize N-degrons. *Molecular and cellular biology* **25**: 7120-7136.

Thieffry, D., A. M. Huerta, E. Perez-Rueda & J. Collado-Vides, (1998) From specific gene regulation to genomic networks: a global analysis of transcriptional regulation in Escherichia coli. *Bioessays* **20**: 433-440.

Tobias, J. W., T. E. Shrader, G. Rocap & A. Varshavsky, (1991) The N-end rule in bacteria. *Science* **254**: 1374-1377.

Torres-Cabassa, A. S. & S. Gottesman, (1987) Capsule synthesis in Escherichia coli K-12 is regulated by proteolysis. *J Bacteriol* **169**: 981-989.

Tramonti, A., M. De Canio, I. Delany, V. Scarlato & D. De Biase, (2006) Mechanisms of transcription activation exerted by GadX and GadW at the gadA and gadBC gene promoters of the glutamate-based acid resistance system in Escherichia coli. *J Bacteriol* **188**: 8118-8127.

Tramonti, A., R. A. John, F. Bossa & D. De Biase, (2002a) Contribution of Lys276 to the conformational flexibility of the active site of glutamate decarboxylase from Escherichia coli. *Eur J Biochem* **269**: 4913-4920.

Tramonti, A., P. Visca, M. De Canio, M. Falconi & D. De Biase, (2002b) Functional characterization and regulation of gadX, a gene encoding an AraC/XylS-like transcriptional activator of the Escherichia coli glutamic acid decarboxylase system. *J Bacteriol* **184**: 2603-2613.

Trotochaud, A. E. & K. M. Wassarman, (2005) A highly conserved 6S RNA structure is required for regulation of transcription. *Nature structural & molecular biology* **12**: 313-319.

Tsilibaris, V., G. Maenhaut-Michel & L. Van Melderen, (2006) Biological roles of the Lon ATP-dependent protease. *Research in microbiology* **157**: 701-713.

Tu, G. F., G. E. Reid, J. G. Zhang, R. L. Moritz & R. J. Simpson, (1995) C-terminal extension of truncated recombinant proteins in Escherichia coli with a 10Sa RNA decapeptide. *J Biol Chem* **270**: 9322-9326.

Tucker, D. L., N. Tucker & T. Conway, (2002) Gene expression profiling of the pH response in Escherichia coli. *J Bacteriol* **184**: 6551-6558.

Tucker, D. L., N. Tucker, Z. Ma, J. W. Foster, R. L. Miranda, P. S. Cohen & T. Conway, (2003) Genes of the GadX-GadW regulon in Escherichia coli. *J Bacteriol* **185**: 3190-3201.

Typas, A., C. Barembruch, A. Possling & R. Hengge, (2007a) Stationary phase reorganisation of the Escherichia coli transcription machinery by Crl protein, a fine-tuner of sigmas activity and levels. *Embo J* **26**: 1569-1578.

Typas, A., G. Becker & R. Hengge, (2007b) The molecular basis of selective promoter activation by the sigmaS subunit of RNA polymerase. *Mol Microbiol* **63**: 1296-1306.

Typas, A. & R. Hengge, (2006) Role of the spacer between the -35 and -10 regions in sigmas promoter selectivity in Escherichia coli. *Mol Microbiol* **59**: 1037-1051.

Typas, A., S. Stella, R. C. Johnson & R. Hengge, (2007c) The -35 sequence location and the Fis-sigma factor interface determine sigmas selectivity of the proP (P2) promoter in Escherichia coli. *Mol Microbiol* **63**: 780-796.

Udekwu, K. I., F. Darfeuille, J. Vogel, J. Reimegard, E. Holmqvist & E. G. Wagner, (2005) Hfq-dependent regulation of OmpA synthesis is mediated by an antisense RNA. *Genes Dev* **19**: 2355-2366.

Valentin-Hansen, P., L. Sogaard-Andersen & H. Pedersen, (1996) A flexible partnership: the CytR anti-activator and the cAMP-CRP activator protein, comrades in transcription control. *Mol Microbiol* **20**: 461-466.

Van Melderen, L., M. H. Thi, P. Lecchi, S. Gottesman, M. Couturier & M. R. Maurizi, (1996) ATP-dependent degradation of CcdA by Lon protease. Effects of secondary structure and heterologous subunit interactions. *J Biol Chem* **271**: 27730-27738.

Varshavsky, A., (1996) The N-end rule: functions, mysteries, uses. *Proc Natl Acad Sci U S A* **93**: 12142-12149.

Vecerek, B., I. Moll, T. Afonyushkin, V. Kaberdin & U. Blasi, (2003) Interaction of the RNA chaperone Hfq with mRNAs: direct and indirect roles of Hfq in iron metabolism of Escherichia coli. *Mol Microbiol* **50**: 897-909.

Vogel, J., V. Bartels, T. H. Tang, G. Churakov, J. G. Slagter-Jager, A. Huttenhofer & E. G. Wagner, (2003) RNomics in Escherichia coli detects new sRNA species and indicates parallel transcriptional output in bacteria. *Nucleic Acids Res* **31**: 6435-6443.

Vogel, J. & C. M. Sharma, (2005) How to find small non-coding RNAs in bacteria. *Biological chemistry* **386**: 1219-1238.

Wade, J. T., D. C. Roa, D. C. Grainger, D. Hurd, S. J. Busby, K. Struhl & E. Nudler, (2006) Extensive functional overlap between sigma factors in Escherichia coli. *Nature structural & molecular biology* **13**: 806-814.

Wang, J., J. A. Hartling & J. M. Flanagan, (1997) The structure of ClpP at 2.3 A resolution suggests a model for ATP-dependent proteolysis. *Cell* **91**: 447-456.

Wassarman, K. M., F. Repoila, C. Rosenow, G. Storz & S. Gottesman, (2001) Identification of novel small RNAs using comparative genomics and microarrays. *Genes Dev* **15**: 1637-1651.

Wawrzynow, A., D. Wojtkowiak, J. Marszalek, B. Banecki, M. Jonsen, B. Graves, C. Georgopoulos & M. Zylicz, (1995) The ClpX heat-shock protein of Escherichia coli, the ATP-dependent substrate specificity component of the ClpP-ClpX protease, is a novel molecular chaperone. *Embo J* **14**: 1867-1877.

Weber, H., (2007) Regulatorische Module innerhalb des σs-Netzwerkes in Escherichia coli. *Dissertation*.

Weber, H., C. Pesavento, A. Possling, G. Tischendorf & R. Hengge, (2006) Cyclic-di-GMP-mediated signalling within the sigma network of Escherichia coli. *Mol Microbiol* **62**: 1014-1034.

Weber, H., T. Polen, J. Heuveling, V. F. Wendisch & R. Hengge, (2005) Genome-wide analysis of the general stress response network in Escherichia coli: sigmaS-dependent genes, promoters, and sigma factor selectivity. *J Bacteriol* **187**: 1591-1603.

Weber-Ban, E. U., B. G. Reid, A. D. Miranker & A. L. Horwich, (1999) Global unfolding of a substrate protein by the Hsp100 chaperone ClpA. *Nature* **401**: 90-93.

Weichart, D., N. Querfurth, M. Dreger & R. Hengge-Aronis, (2003) Global role for ClpP-containing proteases in stationary-phase adaptation of Escherichia coli. *J Bacteriol* **185**: 115-125.

Wickner, S. & M. R. Maurizi, (1999) Here's the hook: similar substrate binding sites in the chaperone domains of Clp and Lon. *Proc Natl Acad Sci U S A* **96**: 8318-8320.

Wilderman, P. J., N. A. Sowa, D. J. FitzGerald, P. C. FitzGerald, S. Gottesman, U. A. Ochsner & M. L. Vasil, (2004) Identification of tandem duplicate regulatory small RNAs in Pseudomonas aeruginosa involved in iron homeostasis. *Proc Natl Acad Sci U S A* **101**: 9792-9797.

Wise, A., R. Brems, V. Ramakrishnan & M. Villarejo, (1996) Sequences in the -35 region of Escherichia coli rpoS-dependent genes promote transcription by E sigma S. *J Bacteriol* **178**: 2785-2793.

Wojtkowiak, D., C. Georgopoulos & M. Zylicz, (1993) Isolation and characterization of ClpX, a new ATP-dependent specificity component of the Clp protease of Escherichia coli. *J Biol Chem* **268**: 22609-22617.

Wolf, D. M. & A. P. Arkin, (2003) Motifs, modules and games in bacteria. *Curr Opin Microbiol* **6**: 125-134.

Yohannes, E., D. M. Barnhart & J. L. Slonczewski, (2004) pH-dependent catabolic protein expression during anaerobic growth of Escherichia coli K-12. *J Bacteriol* **186**: 192-199.

Young, B. A., T. M. Gruber & C. A. Gross, (2002) Views of transcription initiation. *Cell* **109**: 417-420.

Yura, T., M. Kanemori & T. Morita, (2000) The Heat Shock Response: Regulation and Function. *Bacterial Stress Response*: 3-18.

Yura, T. & K. Nakahigashi, (1999) Regulation of the heat-shock response. *Curr Opin Microbiol* **2**: 153-158.

Zaslaver, A., A. E. Mayo, R. Rosenberg, P. Bashkin, H. Sberro, M. Tsalyuk, M. G. Surette & U. Alon, (2004) Just-in-time transcription program in metabolic pathways. *Nature genetics* **36**: 486-491.

Zhang, A., S. Altuvia, A. Tiwari, L. Argaman, R. Hengge-Aronis & G. Storz, (1998) The OxyS regulatory RNA represses rpoS translation and binds the Hfq (HF-I) protein. *Embo J* **17**: 6061-6068.

Zhang, A., K. M. Wassarman, J. Ortega, A. C. Steven & G. Storz, (2002) The Sm-like Hfq protein increases OxyS RNA interaction with target mRNAs. *Mol Cell* **9**: 11-22.

Zhang, A., K. M. Wassarman, C. Rosenow, B. C. Tjaden, G. Storz & S. Gottesman, (2003) Global analysis of small RNA and mRNA targets of Hfq. *Mol Microbiol* **50**: 1111-1124.

Zhou, Y., S. Gottesman, J. R. Hoskins, M. R. Maurizi & S. Wickner, (2001) The RssB response regulator directly targets sigma(S) for degradation by ClpXP. *Genes Dev* **15**: 627-637.

Zilberstein, D., V. Agmon, S. Schuldiner & E. Padan, (1984) Escherichia coli intracellular pH, membrane potential, and cell growth. *J Bacteriol* **158**: 246-252.

Zucker, M., D.H. Mathews, D.H. Turner (1999) Algorithms and Thermodynamics for RNA Secondary Structure Prediction: A Practical Guide in RNA Biochemistry and Biotechnology, *NATO ASI Series*, Kluwer Academic Publishers.

i want morebooks!

Buy your books fast and straightforward online - at one of world's fastest growing online book stores! Environmentally sound due to Print-on-Demand technologies.

Buy your books online at
www.get-morebooks.com

Kaufen Sie Ihre Bücher schnell und unkompliziert online – auf einer der am schnellsten wachsenden Buchhandelsplattformen weltweit! Dank Print-On-Demand umwelt- und ressourcenschonend produziert.

Bücher schneller online kaufen
www.morebooks.de

VDM Verlagsservicegesellschaft mbH
Heinrich-Böcking-Str. 6-8   Telefon: +49 681 3720 174   info@vdm-vsg.de
D - 66121 Saarbrücken   Telefax: +49 681 3720 1749   www.vdm-vsg.de

Printed by Books on Demand GmbH, Norderstedt / Germany